系统动力学
在建设项目财务评价中的应用

谢英亮　彭东生　徐华巍　著

北　京
冶 金 工 业 出 版 社
2010

内容提要

本书在简要介绍系统动力学理论和方法的基础上，详细阐述了系统动力学在建设项目财务评价中的应用模型和应用案例研究成果，主要内容包括：建设项目财务评价、系统动力学及Vensim简介，系统动力学在稀土开发项目评价中的应用，系统动力学在酒店投资项目评价中的应用等。

本书内容新颖，见解独到，具有较高的理论和实用价值，可供高校相关专业的师生及从事项目评价工作的专业人员参考。

图书在版编目（CIP）数据

系统动力学在建设项目财务评价中的应用/谢英亮，彭东生，徐华巍著．—北京：冶金工业出版社，2010.11

ISBN 978-7-5024-5419-7

Ⅰ．①系… Ⅱ．①谢… ②彭… ③徐… Ⅲ．①系统动力学—应用—基本建设项目—财务管理—研究 Ⅳ．①N941.3 ②F285

中国版本图书馆CIP数据核字（2010）第206299号

出版人 曹胜利

地　址 北京北河沿大街嵩祝院北巷39号，邮编100009

电　话 (010)64027926 电子信箱 yjcbs@cnmip.com.cn

责任编辑 杨 敏 廖 丹 美术编辑 张媛媛 版式设计 孙跃红

责任校对 刘 倩 责任印制 牛晓波

ISBN 978-7-5024-5419-7

北京兴华印刷厂印刷；冶金工业出版社发行：各地新华书店经销

2010年11月第1版，2010年11月第1次印刷

148mm×210mm；3.625印张；114千字；107页

16.00 元

冶金工业出版社发行部 电话：(010)64044283 传真：(010)64027893

冶金书店 地址：北京东四西大街46号(100010) 电话：(010)65289081(兼传真)

（本书如有印装质量问题，本社发行部负责退换）

前　　言

高效益的建设项目对国民经济的发展能起巨大的推动作用，提高经济效益成为建设项目管理工作的核心问题。因此，在建设项目前期，需要对建设项目进行可行性研究和项目评价，以实现建设项目决策的科学化，保证建设项目尽可能充分利用现有的稀缺资源，推进经济社会的发展。

自20世纪30年代以来，世界上许多国家的技术、经济学者都在努力探索和研究建设项目可行性研究与经济评价的理论和方法，以便科学地选择最佳效益的投资项目和建设方案，尽可能减少人力、物力、财力投入，取得最大的财务、国民经济和社会效益。然而，目前国内在进行建设项目可行性研究论证时，仍然采用传统的经济评价方法，没有把建设项目当做一个完整系统来研究，而是把建设项目内外各因素当做相互独立的因素分别进行研究，从而影响了系统的完整性，进而导致可行性研究和经济评价的结论可靠程度大为下降。传统可行性研究与经济评价方法忽略了建设项目内外各因素相互影响、相互作用的关系。因此，应用系统思考的方法分析建设项目内外各因素的关系并对其进行可行性研究和经济评价，对提高可行性研究和经济评价结论的可靠性具有重要的现实意义，丰富和发展了建设项目经济评价方法。应用系统思考的系统、辩证、发展的观点，分析系统内部各因素间、系统与外部环境之间的相互作用，相互影响，使得建设项目可行性研究与经济评价更加符合实际情况。

本书重点应用系统动力学方法对建设项目财务评价进行分析介绍，并将江西省寻乌稀土材料有限公司PET产品生产线建设项目、JA经济型酒店投资项目等有关数据，运用于构建的建设项目财务评价系统动力学模型，并进行模拟仿真。通过模拟仿真分析，可以了解上述项目的经济效益，分析项目的财务可行性。同时，本书应用系统动力学方法，详细分析了PET产品销量、EG单价、顾客流量变化等对*NPV*和税后利润的影响及影响建设项目效益的关键因素，从而为投资决策提供科学依据。

本书由江西理工大学经济管理学院系统动力学研究所主要成员在多年研究实践的基础上撰写而成。多年来，作者围绕着系统动力学在建设项目财务评价中的应用展开了深入的探索，并在其理论基础、建模方法、应用案例研究等方面取得了可喜的进展。

在本书的撰写过程中，谢英亮负责总体框架构思、研究方法的确定，并负责第2章的撰写及参加其他各章的撰写；彭东生主要负责第1、3、4章的撰写；徐华巍负责第5、6章的撰写。

限于作者的水平和经验，书中难免有不足之处，敬请广大读者批评指正。

作 者

2010年8月

目　　录

建设项目财务评价

＊＊＊＊＊＊＊＊＊＊＊＊＊＊＊＊＊＊＊＊＊＊＊＊＊＊＊＊＊＊

1.1　建设项目财务评价的概念、原则和步骤[1]

1.1.1　建设项目财务评价的概念

建设项目财务评价是指在国家现行的财税制度和市场价格体系下，分析和预测项目的财务效益与费用，计算财务评价指标，考察拟建项目的盈利能力、偿债能力和抵御风险的能力，据此来判断项目的财务可行性。

1.1.2　建设项目财务评价的原则

建设项目财务评价的原则如下：

（1）费用与效益计算范围的一致性原则。

（2）费用与效益识别的“有无对比”原则。“有”是指实施项目后的将来状况，“无”是指不实施项目时的将来状况。在识别项目的费用和效益时，需注意只有“有无对比”的差额部分才是由于项目的建设增加的费用和效益，即增量费用和效益。

（3）动态分析与静态分析相结合，以动态分析为主的原则。

（4）基础数据确定中的稳妥原则。

1.1.3　建设项目财务评价的内容和步骤

建设项目财务评价的内容和步骤如图 1-1 所示。

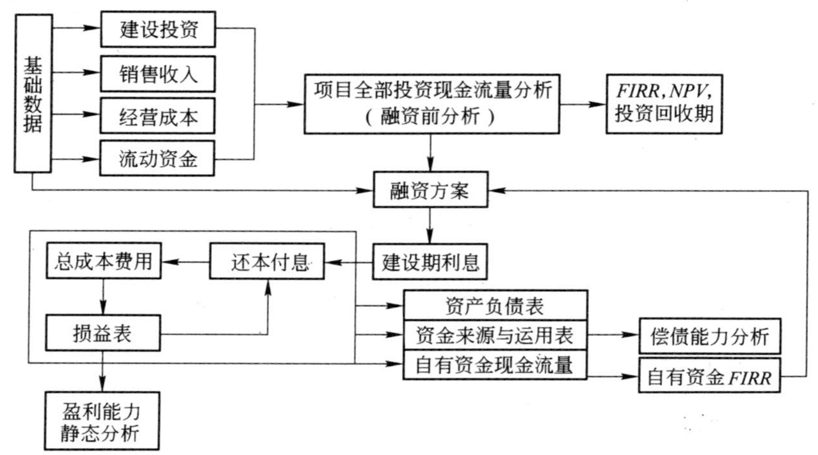

图 1-1　建设项目财务评价的内容和步骤

1.2　建设项目财务评价的方法[1,2]

建设项目财务评价按是否考虑资金的时间价值，分为两种分析方法：静态分析方法和动态分析方法。不考虑资金的时间价值的评价分析方法和指标为“静态”，考虑资金时间价值的评价分析方法和指标为“动态”。

1.2.1　静态分析方法

静态分析方法具有简捷易行、节省时间、能够较快得出评价结论的优点，但因其未考虑资金的时间价值而带来误差，所以不能准确地反映项目寿命期间的全部情况。因此，用静态分析方法对若干个方案进行粗略评价或对短期投资项目做经济分析比较适宜。静态分析方法的指标主要有以下几种。

1.2.1.1　单位生产能力投资

单位生产能力投资是指建设每单位生产能力所耗用的建设项目

平均投资。其计算式为

$$A=\frac{I}{Q} \tag{1-1}$$

式中 A——单位生产能力投资；

I——投资总额；

Q——生产能力。

单位生产能力投资主要反映投资节约效果，适用于对同类项目进行大致比较的情况。该指标值越低，表明项目经济效益越好。

1.2.1.2 静态投资回收期

静态投资回收期是指在不考虑资金的时间价值的条件下，以项目净收益抵偿项目全部投资（包括固定资产投资和流动资金）所需要的时间。静态投资回收期自建设开始年算起，其计算公式为

$$\sum_{t=0}^{P_t} = (CI-CO)_t = 0 \tag{1-2}$$

式中 P_t——静态投资回收期；

CI，CO——现金流入量和现金流出量；

$(CI-CO)_t$——第 t 年的净现金流量。

静态投资回收期 P_t 是反映项目财务上投资回收能力的主要指标，它通过判断初始投资得到补偿的速度快慢来评价方案的优劣。

1.2.1.3 投资收益率

投资收益率是指项目在正常生产年份的净收益与投资总额的比值。其计算公式为

$$R=\frac{NB}{I} \tag{1-3}$$

式中 R——投资收益率；

NB——正常生产年份或者年平均净收益；

I——投资总额。

根据分析目的不同，NB 可以是利润、利税总额、年净现金流入等，I 可以是全部投资额、投资者的权益投资额等，故投资收益率 R 常用的具体形式有投资利润率、投资利税率、资本金利润率等。

投资收益率指标主要反映投资项目的盈利能力。评价方案经济效果时，需要与本行业的平均水平（行业平均投资收益率）对比，以判别项目的盈利能力是否达到本行业的平均水平。

1.2.1.4 追加投资回收期

追加投资是指不同投资方案所需资金的差额。追加投资回收期是指一个工程项目的追加投资方案利用成本的节约来回收追加投资所需的时间。其计算公式为

$$P_a = \frac{I_1 - I_2}{C_1 - C_2} = \frac{\Delta I}{\Delta C} \tag{1-4}$$

式中 P_a——追加资金投资回收期；

I_1，I_2——第一方案和第二方案的投资额（$I_1 > I_2$）；

C_1，C_2——第一方案和第二方案的生产成本（$C_1 > C_2$）。

当追加投资回收期 P_a 不大于基准投资回收期 T_c 时，投资多的方案是合理的，反之则投资多的方案不可取。

运用追加投资回收期对方案进行评价时，要先按投资额从小到大的顺序将方案进行排列，然后从投资额最小的投资方案开始，成对地进行比较。每次可选取一个较好的方案，再依次与后面的方案比较，最终能选出一个最优方案。这种方法适用于两个或多个方案的比较，有助于对采用新技术及技术改造的经济效果进行分析和评价。

1.2.2 动态分析方法

动态分析方法不仅考虑了资金的时间价值，而且考虑了项目在整个寿命期间内收入与支出的全部经济数据。因此，该方法比静态

分析方法更科学、更全面。动态分析方法的指标主要有以下几种。

1.2.2.1 净现值（*NPV*）

净现值是指在项目的经济寿命周期内，根据某一规定的基准收益率 i_0 将各期的净现金流量折算为基准期（第 0 年）的现值的代数和。利用净现值进行方案评价的方法就是净现值法。净现值的计算公式为

$$NPV = \sum_{t=0}^{n} \frac{(CI - CO)_t}{(1 + i)^t} \tag{1-5}$$

式中 NPV——净现值；

$(CI-CO)_t$——第 t 年的净现金流量；

i——折现率，一般取 i 等于基准收益率 i_0；

n——服务期年限或经济寿命。

用净现值指标评价单个方案的判别标准是：对于单个方案，当 $NPV \geqslant 0$ 时，方案可行，应该采纳该方案；当 $NPV < 0$ 时，方案不可行，应该放弃该方案。

1.2.2.2 净年值（*NAV*）

净年值是指把项目经济寿命期中发生的净现金流量，通过基准收益率换算成项目服务期各年（第 1 年至第 n 年）的净等额年值。使用净年值进行方案评价时，净年值越大，表示项目的经济效益越好。其计算公式为

$$NAV = \left[\sum_{t=0}^{n} \frac{(CI - CO)_t}{(1 + i)^t} \right] \frac{i(1 + i)^n}{(1 + i)^n - 1} \tag{1-6}$$

式中 NAV——净年值。

用净年值指标评价单个项目的判别标准是：若 $NAV \geqslant 0$，则项目在经济效果评价上是可行的；否则，项目在经济效果评价上不可行。净年值与净现值代表相同的评价尺度，只是所代表的时间不同而已。但净年值法用于选择服务期不同的方案时比较方便。

1.2.2.3 内部收益率（*IRR*）

内部收益率就是项目在经济寿命期内的净现值或净年值等于零时的折现率。在所有的经济评价指标中，内部收益率是最重要的评价指标之一。内部收益率法就是将项目内部收益率与基准收益率进行比较，以说明该项目的经济可行性。

若利用净现值法求解内部收益率，其表达式为

$$NPV = \sum_{t=0}^{n} \frac{(CI - CO)_t}{(1 + IRR)^t} = 0 \tag{1-7}$$

式中 IRR——内部收益率。

设基准收益率为 i_0，用内部收益率 IRR 评价单个项目方案的判别标准是：若 $IRR \geqslant i_0$，则项目在经济效果上可以接受；否则，该项目在经济效果上应予以否定。内部收益率法一般用于投资方案的可行性评价，确定方案经济上是否可行。该方法不宜直接用于方案的比选，一般情况下，当 $IRR \geqslant i_0$ 时，NPV 也会大于零，反之，当 $IRR < i_0$ 时，NPV 也会小于零。因此，对于单个方案的评价，用内部收益率法与净现值法所得评价结论是一致的。

1.2.2.4 效益费用比

效益费用比是在项目寿命期内，现金流入的现值和与现金流出的现值和之比，也称费用效益率。其计算公式为

$$B/C = \frac{\sum_{t=0}^{n} \frac{CI_t}{(1 + i_0)^t}}{\sum_{t=0}^{n} \frac{CO_t}{(1 + i_0)^t}} \tag{1-8}$$

式中 B/C——效益费用比（B 为效益，C 为费用）；

CI_t——第 t 年现金流入量；

CO_t——第 t 年现金流出量；

i_0——基准收益率；

n——项目寿命期。

对单一方案进行评价时，若 $B/C \geqslant 1$，则该方案可以接受；否则应予以拒绝。

1.2.2.5 动态投资回收期

动态投资回收期是指在考虑资金的时间价值的条件下，以项目净收益抵偿项目全部投资（包括固定资产投资和流动资金）所需要的时间。动态投资回收期克服了静态投资回收期未考虑资金的时间价值的缺陷，是反映项目在财务上投资回收能力的主要指标。

动态投资回收期自建设开始年算起，其计算表达式为

$$\sum_{t=0}^{P'_t} \frac{(CI - CO)_t}{(1 + i)^t} = 0 \tag{1-9}$$

式中 P'_t——动态投资回收期。

用动态投资回收期指标 P'_t 评价单个方案的判别标准是：若 $P'_t \leqslant T'_C$，认为该方案是可行的；否则，该方案不可行。基准动态投资回收期 T'_C 与 T_C 一样，是国家或部门或企业制定的标准，其确定的主要依据是全社会或全行业投资回收期的平均水平，或者是企业期望的投资回收期水平。

动态投资回收期指标 P'_t 一般是根据全部投资财务现金流量表中的累计净现值计算求得的。表中的累计净现值等于零或开始出现正值的年份，即为项目投资回收期的截止年份。其计算公式为

$$P'_t = T' - 1 + \frac{U'_{T-1}}{V'_T} \tag{1-10}$$

式中 T'——累计净现值开始出现正值的年份数；

U'_{T-1}——第 $T-1$ 年末累计净现值的绝对值；

V'_T——第 T 年的净现金流的折现值。

1.2.3 基准收益率的确定[2]

基准收益率是某一行业或部门进行项目投资时应达到的最低期望值，是进行财务评价的动态分析和选择投资方案的重要参数。

一般情况下，如果选取的基准收益率 i_0 越大，能够满足要求的方案就越少；反之，则能够满足要求的方案就越多。因此，基准收益率的确定对投资项目的财务评价和投资决策有着十分重要的意义。国家可以通过制定各行业的基准收益率来作为投资调控的手段之一。

基准收益率的测定一般可根据历史资料分析测算，即通过计算抽样调查新企业和老企业的财务内部收益率的平均值，再考虑国家的产业政策、技术进步、资源利用条件和价格变化等因素加以调整确定。在具体运用时，还应考虑地区间的不平衡性，并加以修正。

1.2.3.1 影响基准收益率的因素

影响基准收益率的因素有：资金成本、投资机会成本、风险补贴率、年通货膨胀率。

1.2.3.2 最低期望收益率与截止收益率

A 最低期望收益率

最低期望收益率（*MARR*）是指投资者可接受的投资收益率。最低期望收益率按式（1-11）确定。

$$MARR = i_1 + i_2 + i_3 \tag{1-11}$$

$$i_1 = \max\{K_d, K^*, K_0\} \tag{1-12}$$

式中 *MARR*——最低期望收益率；

K_d——借贷资金税后资金成本；

K^*——加权平均资金成本；

K_0——项目投资的机会成本；

i_2——风险贴补率；

i_3——年通货膨胀率。

B 截止收益率

当新增投资的收益仅能补偿其资金成本时，投资规模的扩大就应停止，此时的投资收益率就是截止收益率（*CORR*）。

C 基准收益率的确定

由于最低期望收益率已经充分考虑了企业各种资金来源的资金成本和投资风险，体现了投资者对资金成本和风险的估计，所以，可将其作为具体投资项目的基准收益率；而截止收益率主要体现投资计划整体优化的要求，如果从全部项目投资角度出发，为实现全部投资净收益的最大化，则可选择截止收益率作为基准收益率。

1.2.4 财务评价指标体系

建设项目财务评价通常选取适当的指标与基准财务指标进行比较，从而判断建设项目财务的可行性。建设项目财务评价指标体系主要包括两类：一类是项目盈利能力分析评价指标；另一类是项目偿债能力分析评价指标。

1.2.4.1 项目盈利能力分析评价指标

项目盈利能力分析主要是考察项目的盈利水平。其主要指标有：

（1）财务内部收益率（*FIRR*）；

（2）财务净现值（*FNPV*）；

（3）全部投资回收期（P_t）；

（4）投资利润率；

（5）资本金利润率。

1.2.4.2 项目偿债能力分析评价指标

项目偿债能力分析主要是考察计算期内各年的财务状况及偿债能力。其主要指标有：

（1）资产负债率；

（2）固定资产投资国内借款偿还期；

（3）利息备付率（利息备付率＝息税前利润/当期应付利息）；

（4）偿债备付率（偿债备付率＝可用于还本付息资金/当期应还本付息金额）；

（5）流动比率；

（6）速动比率。

1.3 不确定性分析理论与方法[2]

1.3.1 不确定性与风险的概念

不确定性问题与风险问题是社会实践活动中固有的普遍特征，它们是由事物发展的变化性、人类对事物认识的局限性等因素造成的。建设作为人类社会实践活动的一部分，同样存在项目建设成功与否的不确定性问题与风险问题。因此，在对项目进行经济效果评价时，必然要考虑项目的不确定性问题和风险问题。

一般来说，风险是指事前可以知道所有可能的后果以及每种后果的概率；不确定性是指事前不知道所有可能的后果，或者虽然知道可能的后果但不知道它们出现的概率。

1.3.2 不确定性分析方法

在进行建设项目财务评价过程中，人们通常采用盈亏平衡分析、敏感性分析、概率分析等分析方法进行不确定分析。

1.3.2.1 盈亏平衡分析

盈亏平衡分析（break even analysis）是指研究一个项目的营业收入、成本和产销量之间的关系，确定保本点，预测产品产量对项目盈亏的影响。

保本点（break even point，BEP）是指营业总收入等于营业总成本的产销量，即利润等于零时的营业水平。当产销量大于保本点时，企业盈利；反之，企业亏损。

1.3.2.2 敏感性分析

敏感性（sensitivity）是指某一相关因素的变动对反映项目投资效果的评价指标（*IRR*、*NPV*、投资回收期等）的影响程度。敏感性分析（sensitivity analysis）就是为了提高决策的正确性和可靠性，预防决策中相关因素的变动可能带来的损失而进行的测算，即测算主要因素变动对项目投资评价指标的影响程度，或测算能够保持项目可行时，容许相关因素变动的最大幅度（极限变化）。它分为单因素敏感性分析与多因素敏感性分析两类。

1.3.2.3 概率分析

概率分析是运用概率论方法研究预测各种不确定因素和风险因素的发生对项目经济评价的影响的一种定量分析方法。概率分析一般是计算项目净现值的期望值及净现值大于或等于零时的累积概率。累积概率值越大，说明项目承担风险越小。也可以通过模拟方法测算项目评价指标（如内部收益率）的概率分布，为项目的投资决策提供依据。

系统动力学及 Vensim 简介

＊＊＊＊＊＊＊＊＊＊＊＊＊＊＊＊＊＊＊＊＊＊＊＊＊＊＊＊＊＊

2.1　系统动力学的产生与发展[3]

2.1.1　国外系统动力学的发展历程及应用领域

系统动力学（system dynamics，SD）创始于1956年，在20世纪50年代末成为一门独立完整的学科，其创始人为美国麻省理工学院的福瑞斯特（Forrester J. W.）教授。

20世纪50年代后期，系统动力学逐步发展成为一门新的学科领域。初期它主要应用于工业企业管理，处理诸如生产与雇员情况的变动、市场股票与市场增长的不稳定性等问题。此学科早期的称呼——“工业动力学”即因此而得名。而后，系统动力学的应用范围日益扩大，从民用到军用，从科研、设计工作的管理到城市摆脱停滞与衰退的决策，从世界面临指数式增长的威胁与资源储量日益殆尽的危机到检验糖尿病的病理假设，应用范围非常广泛。

20世纪60年代是系统动力学成长的重要时期，一批代表这一阶段理论与应用研究成果水平的论著问世。福瑞斯特教授发表于1961年的《工业动力学》（Industrial Dynamics）是本学科的经典著作，它阐明了系统动力学的原理与典型应用。《系统原理》（Principles of Systems，1968）一书侧重介绍了系统的基本结构。《城市动力学》（Urban Dynamics，1969）则总结了美国城市兴衰问题的理论与应用研究的成果。

20 世纪 70 年代系统动力学进入蓬勃发展时期，由罗马俱乐部提供财政支持，以 Meadows 为首的国际研究小组所承担的世界模型研究课题，研究了世界范围的人口、资源、工农业和环境污染诸因素的相互关系以及产生后果的各种可能性。而以福瑞斯特教授为首的美国国家模型研究小组，将美国的社会经济作为一个整体，成功地研究了通货膨胀和失业等社会经济问题，第一次从理论上阐述了经济学家长期争论不休的经济波动的产生机制。这一成就受到西方的重视，也使系统动力学于 20 世纪 80 年代初在理论和应用研究两方面都得到了飞跃式的发展，达到了更成熟的阶段。目前系统动力学正处在一个蓬勃发展的时机，其自身的理论、方法和模型体系仍在深度和广度上发展进化。

目前，国外系统动力学的应用非常广泛。在宏观经济、微观经济、社会与人口、生态与环境、科技与教育、医学、生物学及工程技术等领域都有许多系统动力学的研究成果，主要应用领域划分如下：

（1）社团规划和政策设计；

（2）公共管理和公共政策；

（3）生物建模和医疗建模；

（4）能源和环境；

（5）自然科学和社会科学领域的理论发展；

（6）动态决策；

（7）复杂的非线性的动力学。

2.1.2 中国系统动力学的发展历程及应用领域[3~8]

20 世纪 70 年代末，一批专家学者将系统动力学引入中国，如上海的杨通谊先生和王其藩教授、浙江的许庆瑞教授以及上海交通大学的吴建中教授等。系统动力学在研究复杂的非线性系统方面具有无可比拟的优势，相关学者把它应用在社会、经济、商业、城市建设乃至生物、医疗、环境保护等方面的研究中，都提出了独到见解并做出了巨大贡献。在其被引入中国后，得到中国学者的大力支持，并广泛应用于国民经济管理的各个领域。在中国，很多学者运用系统动力学理论和方法，对社会生活、生态环境、社会可持续发展、企业经营管理等领域的实际问题进行了系统性的研究，为社会经济发展做出了巨大的贡献。目前系统动力学方法在我国已开始用于地区和国家级规划模型，一些高等院校及专业学术团体正积极参与研究并向社会推广应用。

2.2 系统动力学的基本理论

2.2.1 系统复杂性、因果关系图[9,10]

2.2.1.1 系统复杂性

在我们周围，系统比比皆是，有电气的、机械的、生物的、生态的、经济的、社会的，不胜枚举。大的系统如天体运行系统，涉及资源、人口、粮食、资产以及污染问题的世界社会-经济-生态系统，一个国家或一个区域的社会-经济-生态系统，涉及城市建设、人口、就业、交通、住房与社会福利的城镇系统，还有交通运输系统等等。小的系统诸如一些企业的生产、采购与销售的经营管理系统，飞机、船舶或汽车等机械系统，一棵树也可以成为一个生物系统等等。

无论是大系统还是小系统，都具有动态复杂的特征。系统内部各要素间、系统与系统间相互影响、相互作用，使得系统的输入输出变得非常复杂。

系统动力学是处理信息反馈系统的动态行为的方法论。作为其研究对象的实际系统，一般都是高阶次、非线性、多重反馈的复杂系统。系统动力学中的系统一般包括三类构成要素：物质、信息和运动（包括人及其运动）。系统可分为天然系统和人工系统，如海洋、河流、森林等可以认为是天然系统，而通过人为规定的组织、制度等建立起来的各种管理系统、经济系统，人类对自然现象和社会现象认识所形成的科学系统、技术系统等都属于人工系统。系统有边界，边界以内为系统构成要素，边界以外为系统环境，边界可以根据研究目的和范围人为划定。

综上所述，我们可以得出形成系统的四个基本条件：

（1）系统的整体有一个总目标，各元素围绕一个总目标而运动。

（2）每一个系统都有边界，边界内应有两个以上的构成要素。因此，我们研究某个系统，首先应探讨组成这个系统的元素是什么，确定出系统的边界。

（3）系统内每个元素有各自的功能，各元素之间有相互作用的关系。

（4）系统具有时间顺序。物质在系统内的运转称为物流，资金的运转称为资金流，信息的传递称为信息流。无论哪一种，我们统称为流。这些流随时间迁移，沿时间轴运动，也就是说什么时间产生，其结果如何，这种结果会有什么发展，都是按时间顺序进行的。

2.2.1.2 因果关系图

由于系统内部各要素间存在相互联系、相互影响的复杂关系，所以，可以通过描述系统各要素的因果关系来描述系统各要素间的关系。在系统动力学方法中，我们应用因果关系图来描述系统各要素间的因果关系。因果关系图由以下几个部分组成。

A 因果关系

因果关系是系统动力学方法建模的基础，是对复杂系统的要素和关系的一种真实写照。

B 因果键

通常因果关系是用一个箭头表示的。例如系统中的两个要素 A 和 B，图 2-1 表示了这两个要素间的因果关系，A 是原因，B 是结果，连接两要素有箭头的线条则称为因果关系键，简称因果键。如果 A 增 B 也增，则称 A、B 间具有正因果关系，并用“+”标在因果键旁边，如图 2-1a 所示。同理，图 2-1b 表示的是负因果关系，该键则称为负因果键，说明 A、B 变化方向相反，A 增 B 减，负因果键用“-”标出。

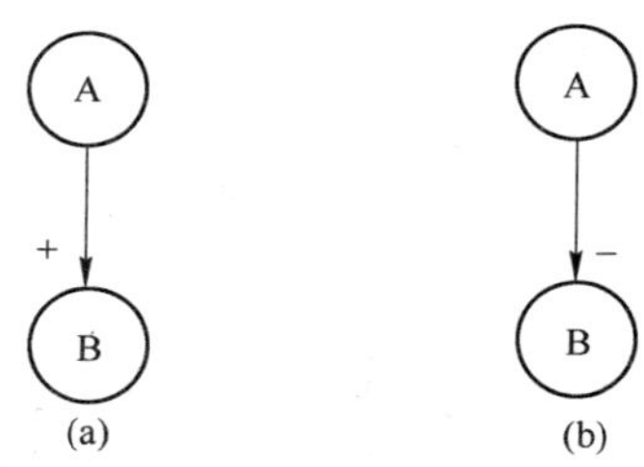

图 2-1 因果键

（a）正因果键；（b）负因果键

C 反馈环

两个以上的因果键首尾相连形成环状，被称为因果反馈环，如图 2-2a 所示。因为因果键有正负之分，所以，由这种带极性的因果键串联而成的反馈环也必然有正反馈环和负反馈环。偶数个负因果关系形成反馈回路为正反馈环，奇数个负因果关系形成反馈回路为负反馈环。按照因果关系，正反馈环的性质是：如果反馈环中有某个因素的属性发生变化，那么，由于其中一系列要素的属性递推作用的结果，将使该要素的属性沿着原先变化的方向继续变化下去。所以，正的反馈环具有自我强化（或弱化）的作用，是系统中促进系统发展（或衰退）的因素。在负的反馈环中，当某个要素发生变化时，由于反馈环中一系列要素属性递推作用的结果，将使该要素的属性沿着与原来变化方向相反的方向变化，所以，具有内部调节器（稳定器）的效果。负反馈环可以控制系统的发展速度或者衰退速度，是使系统具有自我调节功能必不可少的因素。系统动力学认为，系统的性质和行为完全取决于系统中存在的反馈环。图 2-2b 所示的是正反馈环，图 2-2c 所示的是负反馈环。

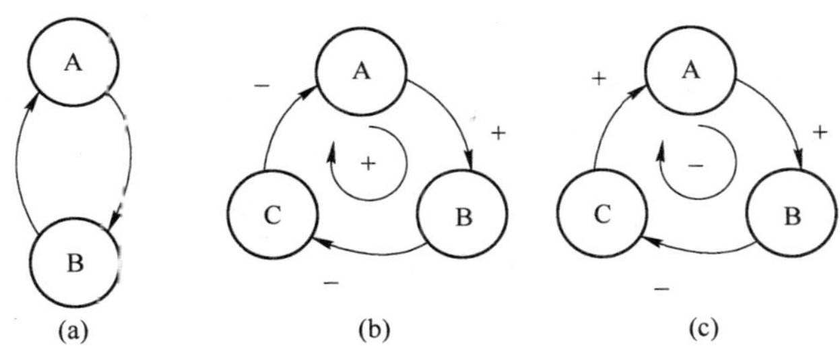

图 2-2 反馈环

（a）因果反馈环；（b）正反馈环；（c）负反馈环

2.2.2 系统动力学流图

系统动力学在充分考虑到动态系统实物或信息“流动”的基础上，提出了系统动力学的“流图”结构。系统动力学流图并不拘泥于动态系统的数学描述，而是把重点放在给出系统内部实物或信息之间的相互关系上。如果系统动力学流图和定量描述相结合，就可以给出动态系统状态的全部时间行为。简单的系统动力学流图见图 2-3。

图 2-3 系统动力学流图

2.2.3 系统变量与方程式

2.2.3.1 系统变量

系统动力学常用的变量有如下几种：

（1）水平变量（level）。水平变量描述了系统的状态，又可称为状态变量。水平变量反映了动态系统变量的时间累计过程。因此，在系统中可以观察水平变量在任何时间瞬时的取值，它的取值仅仅受速率变量的影响而改变。

（2）速率变量（rate）。速率变量描述了水平变量的时间变化，又可称为决策变量。在数学意义上，速率变量反映了导数的概念，因而是不能瞬时观察的。在系统中，我们只能观察到速率变量在时间段内的平均值，因此，在系统动力学模型中，采用区间上的平均速率来代替瞬时速率进行计算。

（3）辅助变量（auxiliary）。在理论上，系统动力学只需要水平变量和速率变量，加上系统的初始状态就可以确定动态系统的全部过程。但在使用上常常还需要某些中间结果，例如对系统信息量的理解或计算机仿真输出等，因而又引出了辅助变量这一概念。辅助变量用来描述位于水平和速率之间的中间变量，它必位于水平变量和速率变量之间的信息通道上。

（4）常量（constant）。常量是指在所考虑的时间范围内变化甚微或相对不变化的系统参数。严格说来，绝对不变化的参数是不存在的，但对于那些变化甚微的参数，都可以视作常数予以处理。例如劳动生产率虽然是变化的，但是在某种情况下仍可以把它视作常数。常量可以用直接或辅助的形式把信息输入到水平变量或速率变量。

水平变量、速率变量、辅助变量、常量又统称为内生变量。

（5）外生变量。制约着内生变量，但又不受内生变量制约的变量称为外生变量。

2.2.3.2 系统方程式

建立方程是把模型结构“翻译”成数学方程式的过程，即把非正规的、概念的构思转换成正式的定量的数学表达式——规范模型的过程。建立方程的目的在于使模型能用计算机模拟（或得到解析解），以研究模型假设中隐含的动力学特性，并确定解决问题的方法与对策。

建立方程阶段远非仅仅是有趣的构思与结果分析两个阶段之间的技术插曲。正如前面叙述的，以因果关系图表示模型，其含义常常模糊不清。从为了更真切地描述客观事物的意义上说，规范模型要精确得多，它可借助计算机毫不含糊地一步一步算出变量随时间的变化。另外，建立方程阶段所必需的精确性也迫使构模者清晰地去思维，从而加深对系统结构的了解。即使有了图形化界面的仿真工具，其中的参数设置仍然要用到方程的概念，故方程的建立仍然具有重要作用，是仿真建模的重要环节。

2.2.4 系统动力学模型的特点

系统动力学模型与其他模型相比，具有下列特点：

（1）适用于处理长期性和周期性的问题。如自然界的生态平衡、人的生命周期和社会问题中的经济危机等都呈现出周期性的规律并需要通过较长的历史阶段来观察，已有不少系统动力学模型对其机制做出了较为科学的解释。

（2）适用于对数据不足的问题进行研究。建模中常常遇到数据不足或某些数据难以量化的问题（灰箱问题），系统动力学根据各要素间的因果关系及有限的数据及一定的结构仍可进行推算分析。

（3）适用于处理精度要求不高的复杂的社会经济问题。一般来讲，复杂的大系统的常因描述方程是高阶非线性动态的，应用一般数学方法很难求解。系统动力学则借助于计算机及仿真技术，在无法求得精确解的情况下仍能获得主要信息。

(4) 强调有条件预测。本方法强调产生结果的条件，采用了“如果……则……”的形式，对预测未来提供了新的手段。

2.2.5 系统动力学的建模原则[9,10]

模型是描述现实系统的，因而它是源于实际、反映实际的。通过建立模型而达到抽象，反映了人们对现实系统认识的深化，是认识的飞跃。建模是系统动力学方法中最为关键和困难的阶段，建立一个有效的模型应遵循下面一些基本原则：

(1) 在建模的构思、模拟与测试等过程中，要根据所研究的系统的整体性、层次性、复杂性等特性，对系统结构进行灵活而正确的分解与综合。

(2) 要遵循一个“明确”三个“面向”：即明确目的、面向问题、面向过程与面向应用。建模时首先应明确建模目的，明确模型的任务是什么；建模应集中于问题与矛盾，而不是整个系统；建模的全过程都要面向客观系统所要解决的矛盾与问题，面向矛盾诸方而相互制约、相互影响所形成的反馈动态发展过程；面向模型的应用、政策的实施。

(3) 系统动力学仅处理那些随时间而变化和源自反馈结构的问题。这两者有助于确定问题、定义变量和构思模型。

(4) 模型是实际系统的“实验室”。它是真实系统的简化与代表，是真实世界的某些断面或侧面。建模不等于对实际系统的复制，应防止所谓原原本本、一一对应按真实世界去建立模型的错误倾向。

(5) 检验模型的一致性、有效性的最终标准是客观的实践。人对客观事物的认识不可能一次完成，而是螺旋上升的过程。因此，没有终极的模型，没有十全十美的模型，只能有阶段性的、达到预定目标和满足预定要求的相对有效的模型。

2.2.6 系统动力学的建模步骤

系统动力学的建模流程图如图 2-4 所示。具体步骤如下：

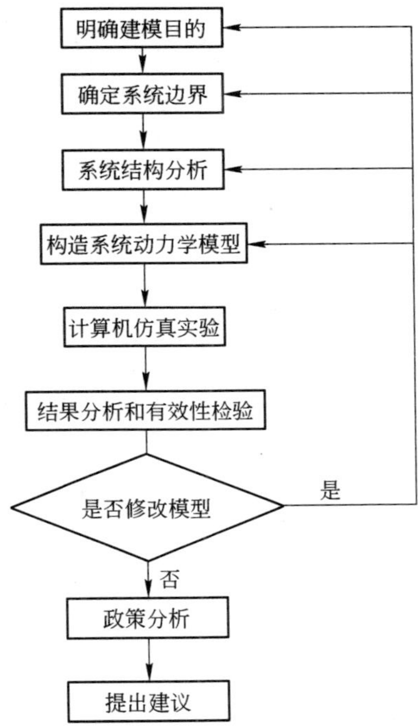

图 2-4　系统动力学的建模流程图

（1）明确建模的目的，即明确模型所要研究和解决的问题。

（2）系统边界的界定，即确定问题研究的范围。系统内部应包括所有对系统特性有重大影响的因素，而在边界外与系统有联系的部分便是系统的环境。

（3）系统结构分析，即研究系统与其组成部分之间的关系，研究系统的反馈结构，分析系统整体与局部之间的关系，进而搞清系统中的因果关系与反馈回路，形成因果关系图。

（4）系统动力学模型建立，即运用系统动力学专业语言进一步刻画系统各变量之间的相互作用关系，建立相应的数学方程组，利用趋势外推法、线性回归法和参数估计法等确定模型的参数值，作系统动力学流图。

（5）模型应用，即运用模型进行模拟，并检验模型的真实性与信度。通过对结果的分析，可以发现系统结构的缺陷与不足，确定是否对模型进行必要的修正，然后再做仿真测试，直至得到满意的结果为止。最后，再进行政策分析并提出合理建议。

2.3 Vensim 软件简介

2.3.1 系统动力学软件的发展历程

系统动力学创建伊始，美国麻省理工学院（MIT）的普夫（Alexander Pugh L）就依据系统动力学中无限分割、以不变代变以及递推的思想方法，设计了系统动力学专用仿真语言，并借用计算机技术，成功得到了一套近似解流位流率系的仿真方法，最初软件命名为 DYNAMO I，经过不断地发展和改进，到了 20 世纪 80 年代有了 Micro DYNAMO 和 PD PLUS 软件。到了 20 世纪 90 年代，随着 Windows 操作平台的普及，Ithink 和 Stella 被 Isee Systems（前 HPS）公司开发了出来，它们是一种系统思考工具软件，目前的最高版本为 9.0。Ithink 和 Stella 软件能帮助人们建立模型并利用模型对实际问题进行模拟，找到较为理想的决策方案，减少因缺少对系统整体了解而盲目决策带来的风险。另外，美国 Ventana 公司推出了 Vensim 系统动力学软件，目前该软件的最高版本是 5.7 版。Vensim 软件是一个可视化的建模工具，通过使用该软件可以对系统动力学模型进行构思、模拟、分析和优化，同时可以形成文档。

2.3.2 Vensim 软件的特点

Vensim 软件主要有以下几个特点：

（1）利用图形化编程建立模型。在 Vensim 中，“编程”实际上并不存在，只有建模的概念。只要在启动 Vensim 系统后得到的主窗口中，依据操作按钮（画图工具）画出流位流率图，再通过 Equation Editor 输入方程和参数，就可以直接进行模拟使用了。在 Vensim 中，方程及变量不带时标，模型建立是围绕着变量间的因果关系展开的。

（2）可以在 Windows 环境下运行，对操作系统和硬件环境要求较低。

（3）对模型提供了多种分析方法。Vensim 可以对模型进行结构分析和数据集分析。其中结构分析包括因果反馈图分析。数据集分析包括变量随时间变化的数据值及曲线图分析。

（4）真实性检验。对于所研究的系统中模型的一些重要变量，依据常识和一些基本原则，可以预先提出对其正确性的基本要求。这些假设是受真实性约束的。将这些约束加到建好的模型中，专门模拟现有模型在运行时对于这些约束的遵守情况或违反情况，就可以判断模型的合理性与真实性，从而调整结构或参数。

2.3.3 Vensim 软件的界面

Vensim 的用户界面是标准的 Windows 应用程序界面，除支持菜单和快捷键外，还提供多个工具条或图标，这使用户操作起来非常方便。启动 Vensim 软件后的界面如图 2-5 所示。

Vensim 软件界面由以下几个部分组成：

（1）标题行。显示当前打开的模型（Pop. Mdl）以及当前的工作变量（Population）。

（2）菜单栏。提供本软件的所有功能菜单。

（3）主工具条。提供文件操作和仿真操作的工具按钮。

（4）绘图工具。提供建立模型的绘图的各种工具。

（5）分析工具。提供模型分析信息输出的各种工具按钮。

（6）状态栏。显示当前的 View 视图，绘图工作区的文本字体的设定，前景色、背景色等的设置。

（7）绘图区。绘制因果图、流位流率图，编制模型方程、变量参数的工作区域。

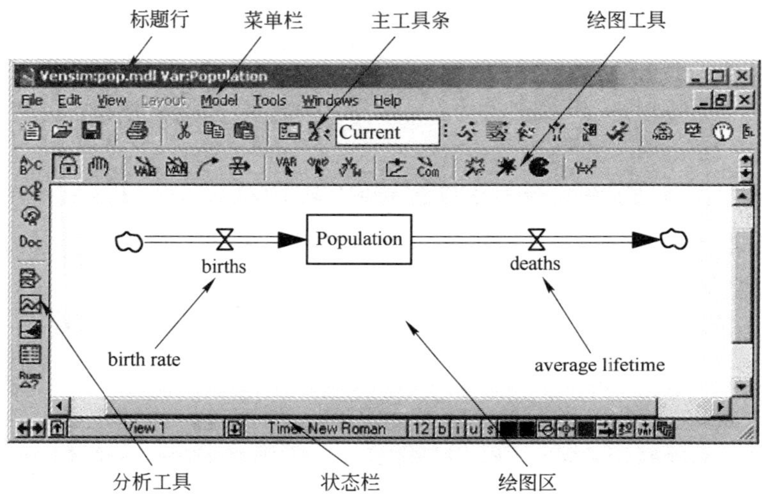

图 2-5 Vensim 软件的界面

2.3.4 Vensim 软件的使用

2.3.4.1 创建因果图（Causal Loop Diagrams）

下面，我们以研究兔子数量简化模型为例来创建因果图，如图 2-6 所示。

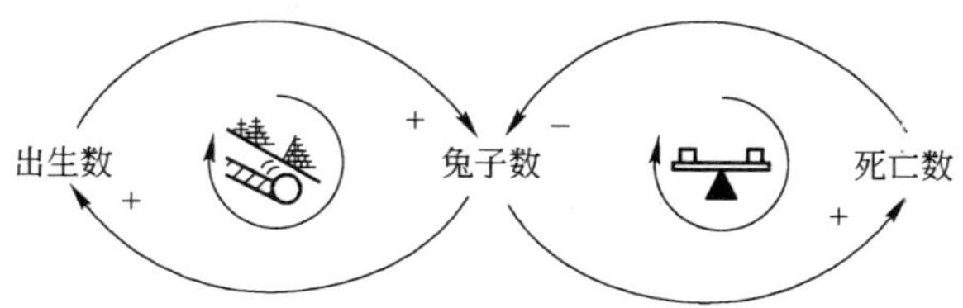

图 2-6 兔子数量简化模型因果图

（1）设置时间参数：单击菜单【File/New Model】，打开【Model Setting】窗口，单击【OK】按钮。

（2）绘制因果图：

1）单击绘图【Variable-Auxiliary/Constant】按钮，然后在绘图区（Sketch Drawing Area）单击，输入变量名（或常量名）［兔子数］、［出生数］、［死亡数］；

2）单击箭头【Arrow】按钮，在［兔子数］变量上单击，然后在［出生数］变量上单击，将［兔子数］、［出生数］变量连接起来，表明［兔子数］对［出生数］的因果关系，用同样的方法可以将其他的变量的因果关系连接起来；

3）右击箭头，在弹出的对话框中设置 +、-、延迟线等标示；

4）单击标注【Sketch Comment】按钮，在左边的正反馈环中单击，出现标注对话框，如图 2-7 所示。在 Shape 框中选中 Loop Clkwse，然后在 Graphics 中单击 Image，从下拉框中选择，然后单击【OK】按钮，就出现了（正反馈环标识），用同样的方法可以绘制（负反馈环标识）。

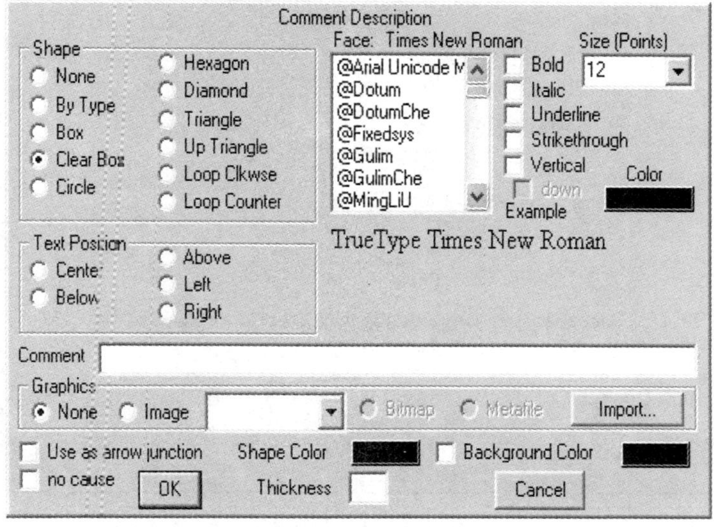

图 2-7 标注对话框

2.3.4.2 创建流位流率图（Stock and Flow Diagrams）

下面，我们根据兔子数量简化模型因果图来创建兔子数量简化模型的流位流率图，如图 2-8 所示。

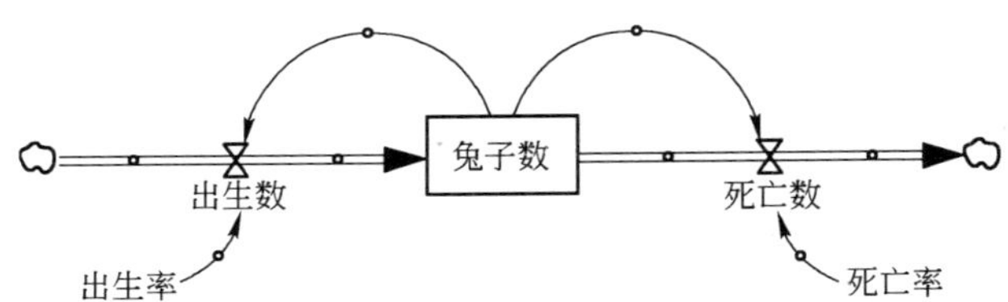

图 2-8 兔子数量简化模型的流位流率图

（1）设置时间参数：单击菜单【File/New Model】，打开【Model Setting】窗口，设置 FINAL TIME = 36 Units：Month，INITIAL TIME = 0 Units：Month，SAVEPER = TIME STEP，TIME STEP = 0.25 Units：Month [0,?]，单击【OK】按钮，如图 2-9 所示。

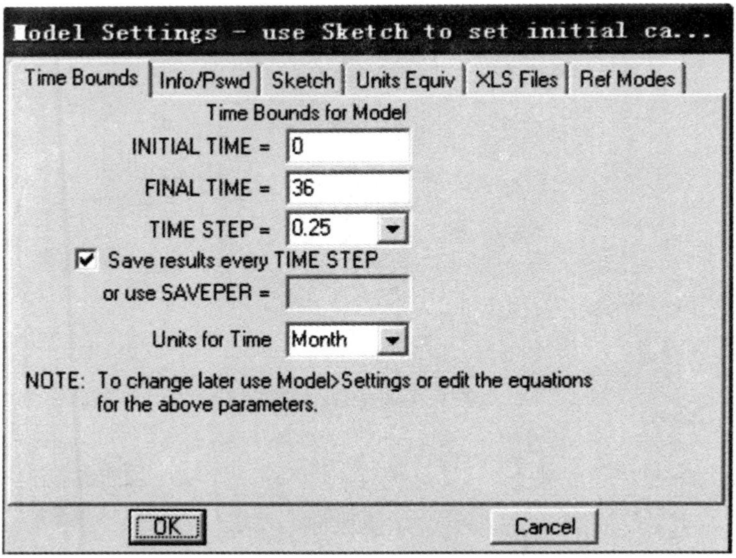

Model Settings - use Sketch to set initial ca...

Time Bounds | Info/Pswd | Sketch | Units Equiv | XLS Files | Ref Modes

Time Bounds for Model

INITIAL TIME = 0

FINAL TIME = 36

TIME STEP = 0.25

☑ Save results every TIME STEP

or use SAVEPER =

Units for Time Month

NOTE: To change later use Model>Settings or edit the equations for the above parameters.

OK　Cancel

图 2-9 Model Setting

（2）绘制流位流率图：

1）单击绘图【Box Variable-Level】按钮，然后在绘图区（Sketch Drawing Area）单击，输入流位变量名［兔子数］；

2）单击绘图【Rate】按钮，然后在绘图区（Sketch Drawing Area）单击，输入流率变量名［出生数］、［死亡数］；

3）单击箭头【Arrow】按钮，在［兔子数］变量上单击，然后在［出生数］变量上单击，将［兔子数］、［出生数］变量连接起来，表明［兔子数］对［出生数］的因果关系，用同样的方法可以将其他变量的因果关系连接起来。

（3）输入模型方程和参数：单击绘图【Equations】按钮，然后在绘图区（Sketch Drawing Area）单击变量名，然后在弹出的对话框中输入相关的方程和参数。图 2-10 是变量［兔子数］的方程和参数输入对话框，用同样的方法，可以输入其他变量的方程和参数。

（4）在设置完所有方程和参数后，单击分析工具【Document】按钮，可以得到兔子数量简化模型的方程和参数如下：

1）FINAL TIME = 36　Units：Month；

2）INITIAL TIME = 0　Units：Month；

3）SAVEPER = TIME STEP　Units：Month［0，?］；

4）TIME STEP = 0.25　Units：Month［0，?］；

5）兔子数 = INTEG（出生数—死亡数，1000）　Units：只；

6）出生数 = 兔子数 * 出生率　Units：只；

7）出生率 = 0.005　Units：只/月；

8）死亡数 = 兔子数 * 死亡率　Units：只；

9）死亡率 = 0.0035　Units：只/月。

（5）选中绘图区中的一个变量，然后单击分析工具按钮，如按钮，可以得到各种仿真结果，如图 2-11 所示。

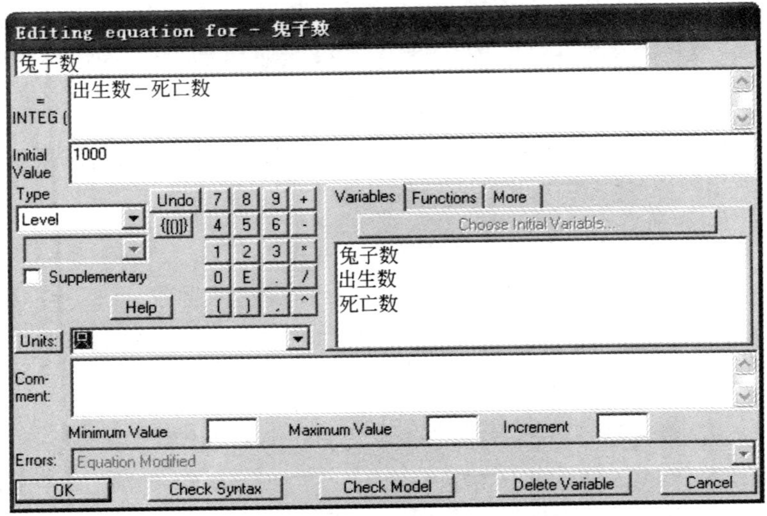

图 2-10 方程和参数输入对话框

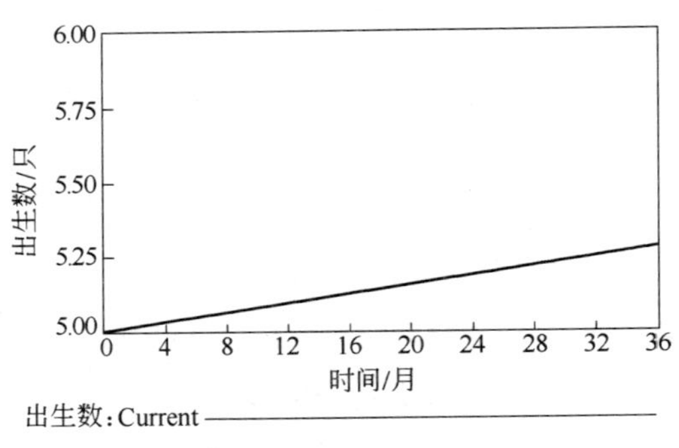

图 2-11 仿真结果

2.4 系统动力学与建设项目财务评价的结合[11~15]

系统动力学作为研究社会经济系统问题的“战略与决策实验室”，具有擅长处理周期性、复杂性、动态性、非线性、时滞性、多重反馈性问题，特别是在数据缺乏或不完备的条件下仍可以进行研究且研究结果精确度高的特点，同时，还具有能对未来政策进行分析的功能。

建设项目是个复杂的人类社会实践活动系统，具有周期性、复杂性、动态性、非线性、时滞性、多重反馈性等特征。在进行建设项目财务评价过程中，建设项目受到各种复杂因素的影响，各因素具有动态性、非线性、时滞性等特征，各因素之间相互影响、相互制约。因此，非常适合应用系统动力学方法来进行建设项目财务评价。

2.4.1 建设项目市场预测系统与系统动力学

市场预测是指对未知的市场和市场未来的变化进行预先的估计和推测。市场预测具有复杂性、动态性、非线性、时滞性、多重反馈性等特征。这些特征适合应用系统动力学方法进行解决。

市场预测作为一个复杂的巨大系统，存在于社会经济预测这个更大的系统之内，同其他预测系统如人口预测、能源预测、农业预测等相互联系、相互制约。市场预测的内部有市场需求预测、市场资源预测、价格预测等子系统，子系统中有更小的系统，可以分成若干层次，它们彼此之间也具有复杂的相互依存关系。而且，市场是瞬息万变的，随着外界环境的变化，市场预测系统内部和外部各种要素也会随之发生变化。由此决定了市场预测系统是一个动态的复杂系统，包含不同环节之间持续不断的物流、资金流和信息流。因此，进行市场预测时应把预测对象看成一个由多种要素构成的复杂的动态系统，注意分析系统内部和外部各种要素的变化，从而做出预测推断[4]。

市场预测系统的结构相当复杂，以反馈环为基础，而且存在多重反馈环。以企业资本运作为例，投入一定量的资本（厂房、机器设备等），就会有一定的产出。如果在其他的投入充分的条件下，较多的企业资本就会带来较多的产品，产品赢利的一部分作为投资扩大再生产，从而又形成新的企业资本；反之，企业资本增加，使每年的折旧费也增加，从而使企业资本减少。因此，在市场预测时，必须重视对影响预测目标各种因素的具体分析，找出预测目标（因变量）与影响因素（自变量）之间的数量变动关系。当自变量为已知时，就可以推出因变量（预测目标）的预测值，反之，则可以推出自变量（影响因素）的数值。这种数量之间的因果反馈关系，既可以表现为确定的函数关系，也可以表现为不确定的统计相关关系。通过因果关系的分析，可以把握影响预测目标诸因素的不同作用，由因推果，预测出市场的必然趋势和偶然因素可能产生的干扰。企业的各项预测活动大都属于动态、复杂且非线性关系，需要逻辑判断与大量数学运算。即使是线性关系，也会因其因果反馈关系，使得其所表现出来的行为呈现非线性结构关系[5]。

2.4.2 建设项目财务评价敏感性分析与系统动力学

建设项目财务评价进行敏感性分析的目的在于提高建设项目财务评价的准确性和可靠性，具体如下：

（1）通过敏感性分析来研究不确定因素变动对建设项目财务评价指标的影响程度。

（2）通过敏感性分析，找出影响建设项目经济效果的敏感因素，并进一步分析与预测或估算有关数据可能的变化范围，测算项目风险的大小。

（3）通过对项目不同方案中某些关键因素的敏感性程度对比，可区别项目不同方案对关键因素的敏感性大小，选取敏感性小的方案，以减少项目的风险性。

（4）通过敏感性分析，可以估算能够保持项目评选原有结论时，相关因素允许的变动范围，找出它们变化的最好和最坏情况，以便在项目管理中实行有效的控制措施，使项目风险减少，获得预期的或更大的收益。

系统动力学作为研究社会经济系统问题的“战略与决策实验室”，具有敏感性分析能力。利用系统动力学各因素因果反馈机制，可以非常方便地确定某一因素或某些因素对其他各因素的影响程度，从而找出建设项目某些关键因素对各种财务评价指标的影响程度，以帮助决策者优选建设方案，实现投资目标。

总之，通过建立系统动力学模型来对建设项目进行财务评价，为提高建设项目可行性研究水平，帮助投资者正确评价、选取建设方案并进行科学决策提供了一种实用的方法。

稀土加工生产线建设项目系统动力学模型的构建

＊＊＊＊＊＊＊＊＊＊＊＊＊＊＊＊＊＊＊＊＊＊＊＊＊＊＊＊＊

3.1 稀土资源开发概述[16~18]

稀土是新材料的宝库。琳琅满目的各种稀土新材料，不仅应用于许多传统产业，近年来还越来越广地应用于高新技术领域，例如各种液晶显示屏、大屏 PDP 彩电、混合动力汽车与纯动力汽车、节能灯、发白光 LED 灯、风力发电机、机器人、航空航天器、磁共振成像仪等。这些正在发展的产品或产业中，稀土的应用越来越多。

稀土产业是中国比较具有优势的特色产业。中国不仅有储量最多的稀土资源，稀土年产量、年消费量以及年出口量也是全球之首。但同时也应该看到，中国在稀土资源的开采中浪费严重。例如非常宝贵的南方离子型中重稀土矿，有工业储量 150 万吨，从 1970 年到 2007 年已消耗了 90.4 万吨，实际生产 36.4 万吨，利用率只有 40%，剩余量只有 59.6 万吨。如果按照现在的开采速度，将在 10 年内耗尽。所以，我们国家一方面应该提高稀土资源的利用效率，另一方面应该加大稀土资源储备力度，建立稀土资源国家储备机制。

虽然我国有丰富的稀土资源，但是建设稀土资源利用率高的稀土加工生产线在我们国家仍然显得尤为重要，它不仅能推动稀土产业的发展，也能为国民经济建设所需稀土资源提供有力的保证。

高效益的建设项目对推进国民经济发展能起巨大的推动作用。

提高经济效益成为建设项目管理工作的核心问题。因此，在建设项目前期，需要对建设项目进行可行性研究和项目评价，以实现建设项目决策的科学化，保证建设项目尽可能充分利用现有稀缺资源，推进经济社会的发展。

目前国内在作建设项目可行性研究论证时，仍然采用传统的经济评价方法，没有把建设项目当做一个完整系统来研究，而是把建设项目内外各因素当做相互独立的因素进行分割研究，破坏了系统的完整性，从而导致可行性研究和经济评价的结论可靠程度大大下降。传统可行性研究与经济评价方法忽略了建设项目内外各因素相互影响相互作用的关系，因此，应用系统思考的方法分析建设项目内外各因素的关系并对其进行可行性研究和经济评价，提高可行性研究和经济评价结论的可靠性具有重要的现实意义，丰富和发展了建设项目经济评价的方法。应用系统思考的系统、辩证、发展的观点，分析系统内部各因素间、系统与外部环境之间的相互作用、相互影响，使得建设项目可行性研究与经济评价更加符合实际情况[19]。

系统动力学是研究经济社会问题的“战略与决策实验室”。建设项目财务评价是在一个系统范围内进行的综合财务分析与评价。应用系统动力学方法进行建设项目财务评价，可以分析各种因素之间的相互影响、相互作用，从而找出影响建设项目经济效益的关键因素，优选出切实可行的建设方案。

3.2　建模目的的明确

通过建立基于系统动力学的建设项目财务评价模型，研究建设项目各因素之间的相互关系和相互作用；通过计算机仿真，揭示各因素变化对企业财务状况、经营成果和现金流量的影响及其变化规律，明确建设项目哪些因素对财务评价指标值产生影响以及影响的程度。通过模型的仿真分析和情境分析，探讨建设项目产品市场需求、信用政策、融资政策、会计政策对财务评价指标值的影响，预先发现建设项目未来在经营、投资、筹资活动中可能存在的问题并及时进行政策修正，为投资者对建设项目进行科学决策提供依据。

3.3 系统边界的确定

系统边界的确定取决于所研究的问题。一般认为，系统动力学分析的系统行为是基于系统内部要素相互作用而产生的，并假定系统外部环境的变化不会给系统行为产生本质的影响，也不受系统内部因素的控制。因此，系统边界应规定哪一部分要划入模型，哪一部分不划入模型，在边界内部凡涉及与所研究的动态问题有重要关系的概念模型与变量均应划入模型；在边界外与系统有联系的部分便是系统的环境。

本书介绍影响建设项目财务评价指标的因素以及各因素的影响程度。通过改变各影响因素值来考察财务评价指标的变化及其变动程度，从而控制建设项目的关键因素，提高建设项目的经济效益，优化配置稀缺资源。书中系统模型的内生变量主要以企业财务报表为基础，全部系统变量包括内生变量和外生变量共计 106 个。

3.4 系统结构因果分析

不同行业、不同生产工艺流程的制造业企业，产品的生产工艺流程、生产方式、管理模式等方面存在很大的区别，但是，建设项目财务评价指标体系基本相同。建设项目财务评价系统主要包括：建设投资估算子系统、筹资与还本付息子系统、销售预测子系统、采购子系统、生产费用子系统、利润子系统和现金流量子系统等。本书重点分析市场预测子系统、筹资与还本付息子系统和建设项目现金流转子系统内部各因素的因果关系。其他子系统的因果关系不再赘述。

3.4.1 市场研究与市场预测

3.4.1.1 市场研究

产品的市场需求是项目必要性分析的基础，而市场研究是解决项目必要性问题的关键，也是决定项目产品的生产规模、选择工艺技术和厂址等的重要基础。

市场研究的主要目的在于分析清楚项目产品的市场状况，包括：产品市场环境、产品市场容量、市场特征、需求量及其发展趋势、竞争程度、竞争性产品和销售策略研究等。

一般工业建设项目的市场研究，主要包括以下内容。

A 影响项目产品市场经营的因素[7]

影响项目产品市场经营的因素（见图3-1）主要包括：企业不可控因素和企业可控因素。企业不可控因素主要包括：（1）人口环境，它决定了项目产品市场规模的大小；（2）经济环境，它决定了项目

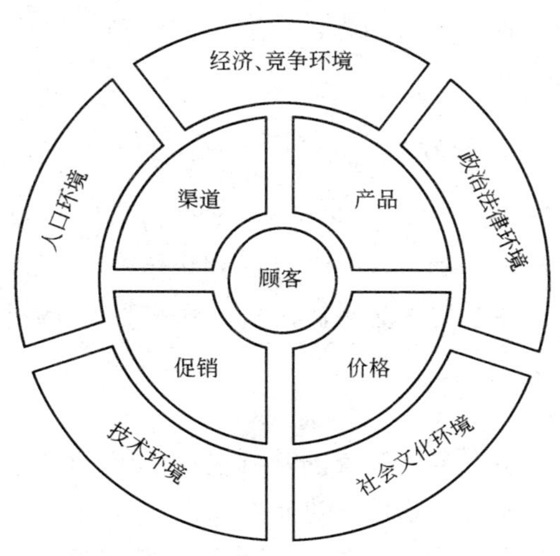

图3-1 影响项目产品市场经营的因素

产品购买力水平；（3）政治法律环境，它影响了项目产品所在产业的发展政策与法律约束；（4）社会文化环境，它影响了项目产品的消费习惯和消费方式；（5）技术环境，它影响了项目产品的市场寿命和替代项目产品的可能性；（6）竞争环境，它直接影响项目产品的需求量和市场占有率。企业可控因素主要包括：（1）产品，项目产品是否满足消费者需求是产品适销对路的关键；（2）价格，项目产品价格高低直接影响产品的销量；（3）渠道，项目产品分销渠道的优劣影响产品的销售量；（4）促销，促销手段好坏影响产品的销售量。

B 市场定位

市场定位是指根据市场发展变化和项目产品的特点及消费群体特点，确定目标市场。在一般情况下，项目产品市场定位往往将那些有发展潜力的地区和有较强需求的客户群体作为目标市场。

C 项目产品市场容量及其发展趋势预测

通过市场调查和产业调查，掌握目标市场的现状、市场容量和市场的发展变化趋势。

D 项目产品销售量及销售策略研究

在研究项目产品目标市场特征和消费行为的基础上，进行项目产品销售策略研究，确定项目产品的销售策略。在调查研究目标市场容量和竞争产品销售状况的基础上，预测项目产品未来的销售量。

3.4.1.2 市场预测

市场预测是指在市场调查的基础上，运用科学的方法对市场需求以及影响市场需求的诸因素进行分析，对项目产品未来的发展趋势作出判断和推测，为企业制定正确的营销策略决策提供依据[8]。市场预测结论是建设项目财务评价的起点，也是确定建设项目规模的重要依据。

国内外学者对市场预测方法进行了深入大量的研究。目前应用得比较广泛的市场预测方法[9]主要有：

（1）专家判断预测法，主要包括：1）德尔菲法；2）趋势判断预测法。

（2）回归分析法，主要包括：1）一元线性回归预测；2）多元线性回归预测。

（3）平滑预测法，主要包括：1）移动平均法；2）指数平滑法。

（4）马尔柯夫模型预测。

（5）灰色预测，主要包括：1）GM（1，1）模型预测；2）数列预测；3）灾变预测。

市场预测的内容主要包括：国内外市场需求量预测、产品替代出口量或进口量预测、项目产品需求量和价格预测等[2]。

3.4.1.3 市场因素因果分析

与项目产品直接相关的市场因素主要有：现实消费者、潜在消费者、人口、替代产品消费者、市场需求、产品价格、生产成本、生产技术水平、项目产品市场占有率和项目产品销售量等。它们相互作用、相互影响，它们的因果关系如图 3-2 所示。

从图 3-2 可以看出，项目产品销售量直接受到市场容量、项目产品市场占有率和项目产品价格的影响。因此，准确预测项目产品市场容量、项目产品市场占有率，确定合理产品价格是建设项目财务评价的关键点之一，也是确定建设项目规模的关键。

3.4.2 投资估算与资金筹措因果关系

投资估算是根据建设项目规模的大小确定的。建设项目投资主要用于固定资产投资、无形资产投资和营运资金投资。其中，固定资产投资主要用于建筑工程、设备购置、安装工程和其他建设配套

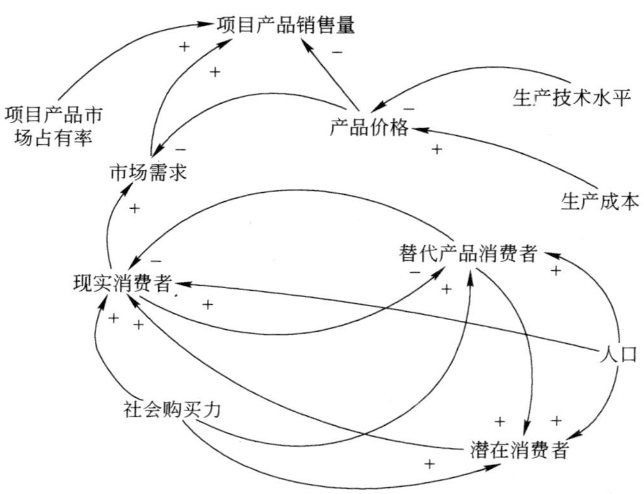

图 3-2 项目产品市场因素因果图

费用等。固定资产投资建设时间长、风险大，投资者需要进行建设前评价和研究，确保选择优秀建设方案。建设投资的资金来源主要有两个方面：一是投资者自有资金；另一个是银行借款。银行借款规模大小和时间长短需要根据自有资金规模大小以及还款能力大小来确定。融资规模和方式直接影响建设项目的经济效益。图 3-3 反

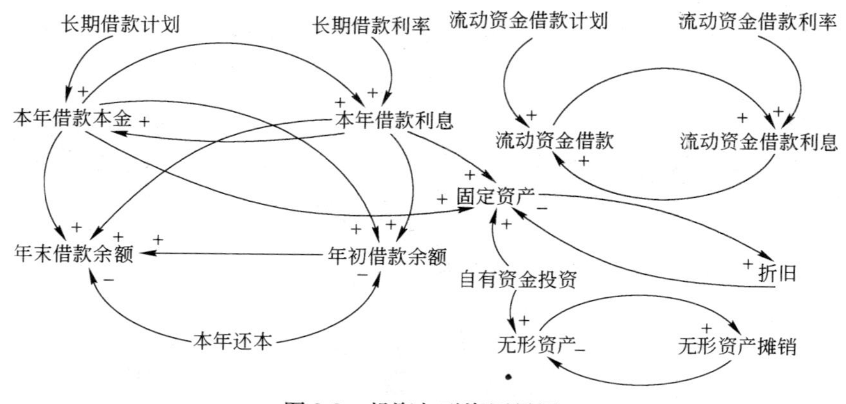

图 3-3 投资与融资因果图

映了建设项目投资与融资各因素的相互作用、相互影响的关系。其中借款利率、借款规模和借款期限与建设项目的投资风险和经济效益直接相关。

3.4.3 建设项目现金流转因果关系

建设项目现金流量是进行建设项目财务评价的基础。建设项目的现金流入主要来源于项目产品的销售收入、补贴收入、回收固定资产余值和回收流动资金等。建设项目现金流出主要用于建设投资、营运资金投资、还本付息、采购材料、支付人工工资和缴纳税金等。现金流入和现金流出影响了建设项目的利润和净现金流量。净现金流量是计算财务净现值（*NPV*）、投资回收期和内部收益率（*IRR*）的基础。图 3-4 反映了建设项目现金流转各因素的相互关系。

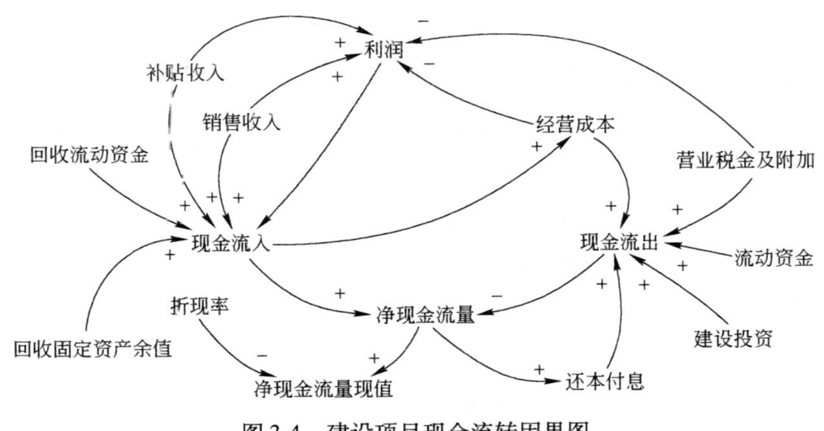

图 3-4 建设项目现金流转因果图

3.5 稀土加工生产线建设项目系统动力学模型

3.4 节主要介绍了建设项目系统中市场预测各因素的因果关系、投资与融资各因素的因果关系和现金流转各因素的因果关系。它们定性地反映了建设项目财务评价各因素的因果关系，帮助掌握建设项目财务评价系统的结构和行为特征，为进一步进行定量分析奠定了良好的基础。建设项目财务评价主要在于定量分析，因此，有必要建立稀土加工生产线建设项目系统动力学模型。

作为一般工业建设项目，虽然各个行业的管理方式、生产工艺流程等各不相同，但是其建设项目财务评价都由共同的子系统构成，分别是：市场预测子系统、投资子系统、融资子系统、销售与收款子系统、采购与付款子系统、利润核算子系统、现金流量子系统、资产负债表子系统等，这些子系统相应构成了建设项目财务评价模型的系统动力学子系统。

随着稀土在各种产品中的广泛应用，寻乌稀土材料有限公司利用其技术优势，以轻稀土作为深加工对象，2008 年拟投资建设高纯度 PET 产品生产线。本书以此建设项目为例，构建基于系统动力学的建设项目财务评价模型。

3.5.1 市场预测模型

按照《建设项目经济评价方法与参数（第三版）》的要求，财务评价“采用以市场价格体系为基础的预测价格”。在分析各种投入产出物的市场环境情况的基础上，本项目财务评价中各种投入产出物价格按照建设期初的时价以及价格预测值来确定价格范围，作为系统动力学模型变量参数，从而分析投入产出物价格变动对财务评价指标变动的影响程度。

对于稀土矿产品加工项目，PET 产品市场供不应求，因此，在本项目中只考虑 PET 产品、主要原材料产品价格的系统动力学预测问题，而不再考虑市场需求量和供应量的系统动力学预测问题。

3.5.2 建设项目投资估算子模型

建设项目投资估算主要估算固定资产投资、无形资产投资的规模。固定资产投资和无形资产投资主要根据生产规模和生产能力来确定，它占建设项目现金流出的大部分，并受到借款利率、固定资产折旧率、无形资产使用寿命等的直接影响。建设项目投资估算子模型如图 3-5 所示。

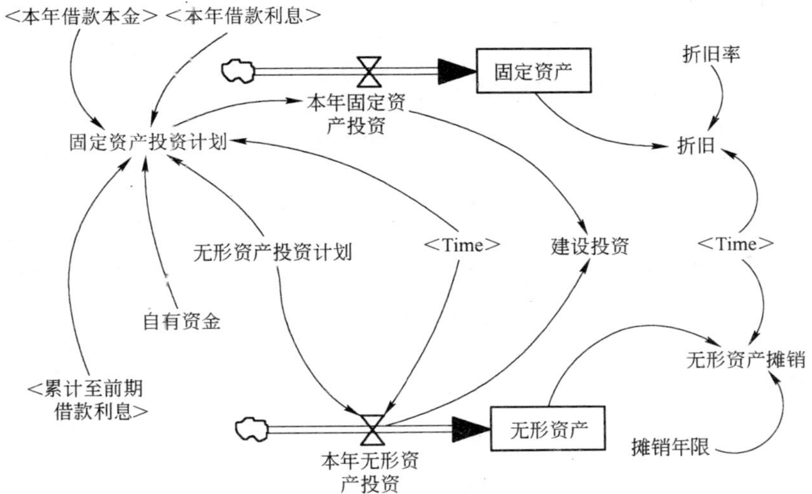

图 3-5　建设项目投资估算子模型

图 3-5 所示系统动力学模型的计算公式如下：

（001）固定资产 = INTEG（本年固定资产投资，0）　Units：万元；

（002）固定资产投资计划 = ACTIVE INITIAL（IF THEN ELSE（Time <3，本年借款利息 + 本年借款本金 + 累计至前期借款利息 + 自有资金（Time）－无形资产投资计划（Time），0），0）　Units：万元；

（003）建设投资 = 本年固定资产投资 + 本年无形资产投资　Units：万元；

（004）折旧 = IF THEN ELSE（Time > =2，固定资产 × 折旧率，0）　Units：万元；

（005）折旧率 =0. 07143　Units：Dmnl；

（006）摊销年限 = 10　Units：Year；

（007）无形资产 = INTEG（本年无形资产投资，0）　Units：

万元；

（008）无形资产投资计划 = ([(0, 0) - (20, 4000)], (0, 0), (1, 3900), (2, 0), (3, 0), (4, 0), (5, 0), (6, 0), (7, 0), (8, 0), (9, 0), (10, 0), (11, 0), (12, 0), (13, 0), (14, 0), (15, 0)) Units：万元；

（009）无形资产摊销 = IF THEN ELSE (Time > = 2：AND：Time < = 11，无形资产/摊销年限，0) Units：万元；

（010）本年固定资产投资 = 固定资产投资计划 Units：万元；

（011）本年无形资产投资 = 无形资产投资计划（Time） Units：万元；

（012）自有资金 = ([(0, 0) - (20, 20000)], (0, 10004), (1, 11216), (2, 0), (3, 0), (4, 0), (5, 0), (6, 0), (7, 0), (8, 0), (9, 0), (10, 0), (11, 0), (12, 0), (13, 0), (14, 0), (15, 0)) Units：万元。

值得说明的是，PET 建设项目的建设期为 2 年，从 2008 年开始投资建设，2009 年建设完成，2010 年开始生产，生产负荷 70%，2011 年开始，生产负荷 100%。固定资产折旧年限为 14 年，按年综合折旧率 0.07143 计提年折旧额。无形资产摊销年限 10 年。

3.5.3 建设项目还本付息估算子模型

银行借款是建设项目融资的重要渠道之一，企业未来还本付息能力直接影响到建设项目的偿债能力和现金流量。借款本息由投资总额减去自有资金计算得来，即借款总额 = 投资总额 - 自有资金 - 借款利息。图 3-6 是建设项目还本付息估算子模型，从图中可以看出，借款利率、还本付息方式是定额还本付息的关键因素。

图 3-6 所示系统动力学模型的计算公式如下：

（013）借款计划 = ([(0, 0) - (20, 40000)], (0, 22365), (1, 25049), (2, 0), (3, 0), (4, 0), (5, 0), (6, 0), (7, 0), (8, 0), (9, 0), (10, 0), (11, 0), (12, 0),

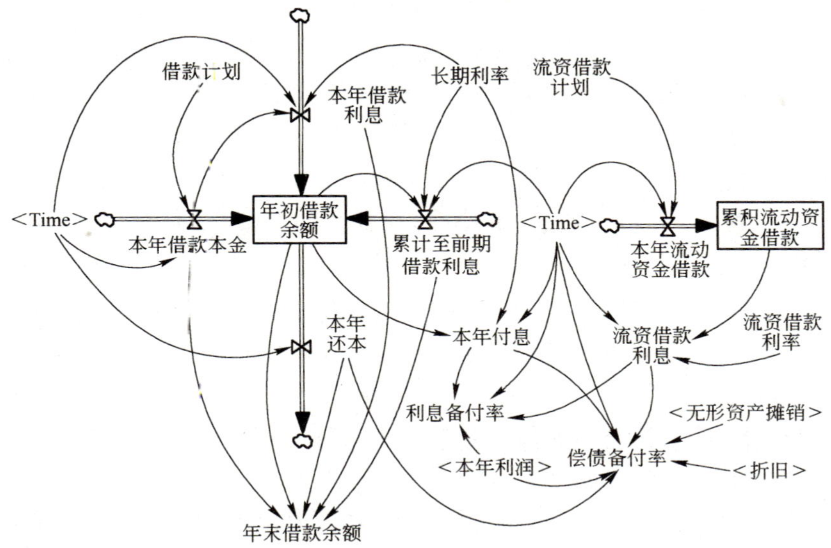

图 3-6 建设项目定额还本付息估算子模型

(13，0)，(14，0)，(15，0)) Units：万元；

(014) 年初借款余额 = INTEG (本年借款利息 + 本年借款本金 + 累计至前期借款利息 − 本年还本，0) Units：万元；

(015) 年末借款余额 = 年初借款余额 + 本年借款本金 + 本年借款利息 + 累计至前期借款利息 − 本年还本 Units：万元；

(016) 本年付息 = IF THEN ELSE (Time > = 2，年初借款余额 × 长期利率，0) Units：万元；

(017) 本年借款利息 = IF THEN ELSE (Time < 3，本年借款本金 × 长期利率/2，0) Units：万元；

(018) 本年借款本金 = 借款计划 (Time) Units：万元；

(019) 本年流动资金借款 = 流资借款计划 (Time) Units：万元；

(020) 本年还本 = IF THEN ELSE (Time > = 2，3624.73，0) Units：万元；

（021）流资借款利息 = IF THEN ELSE（Time >1：AND：Time < 12，流资借款利率 × 累积流动资金借款，0） Units：万元；

（022）流资借款利率 =0. 0639 [0，1，0. 0001] Units：Dmnl；

（023）流资借款计划 =（[（0，0）－（15，20000）]，（0，0），（1，0），（2，11295），（3，4840），（4，0），（5，0），（6，0），（7，0），（8，0），（9，0），（10，0），（11，0），（12，0），（13，0），（14，0），（15，0）） Units：万元；

（024）长期利率 =0. 0711 [0，1，0. 0001] Units：Dmnl；

（025）累积流动资金借款 = INTEG（本年流动资金借款，0） Units：万元；

（026）累计至前期借款利息 = IF THEN ELSE（Time <2，年初借款余额 × 长期利率，0） Units：万元；

（027）偿债备付率 = IF THEN ELSE（Time > =2，（折旧 + 无形资产摊销 + 本年付息 + 流资借款利息 + 本年利润）/（本年付息 + 流资借款利息 + 本年还本），0） Units：Dmnl；

（028）利息备付率 = IF THEN ELSE（Time > =2，（本年付息 + 流资借款利息 + 本年利润）/（本年付息 + 流资借款利息），0） Units：Dmnl。

3. 5. 4 建设项目销售利润估算子模型

建设项目销售利润估算主要用于估算建设项目销售收入，应收账款，坏账准备，营业税金及附加、应缴增值税、所得税等。其中，产品销量、产品售价和生产负荷决定销售收入，也影响建设项目的现金流入；坏账率、赊销信用期、收现率等影响应收账款；所得税、营业税金及附加根据现行税法的有关规定计算。建设项目销售利润估算子模型如图 3-7 所示。

图 3-7 所示系统动力学模型的计算公式如下：

（029）EG = EG 单价 × EG 年消耗量 Units：万元；

（030）EG 单价 =0. 88 [0. 7，1. 1，0. 001] Units：万元/吨；

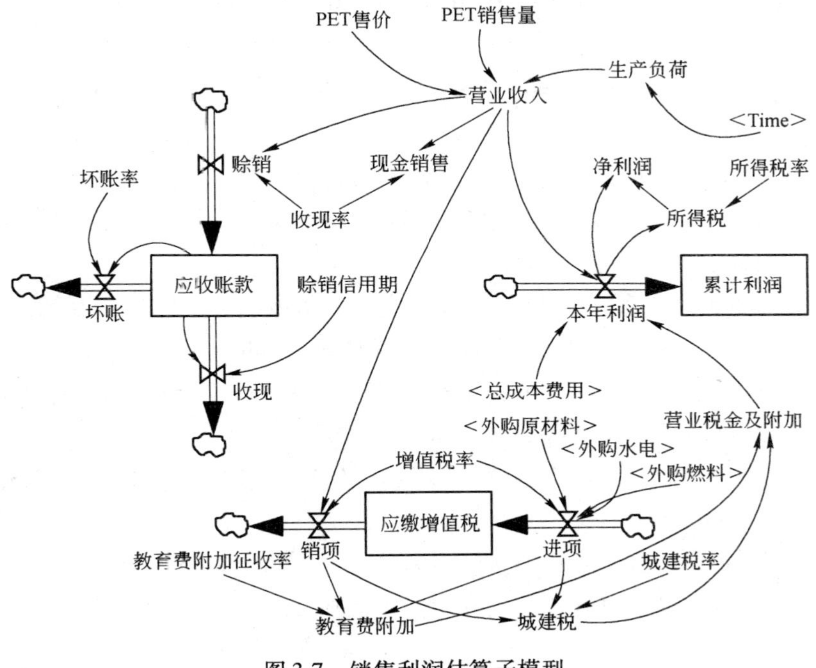

图 3-7 销售利润估算子模型

（031）EG 年消耗量 = IF THEN ELSE（Time > = 2，90000，0） Units：吨；

（032）PET 售价 = 1.065［0.9，1.1，0.001］ Units：万元/吨；

（033）PET 销售量 = 300000 Units：吨；

（034）PTA = PTA 单价 × PTA 年消耗量 Units：万元；

（035）PTA 单价 = 0.76［0.7，1，0.001］ Units：万元/吨；

（036）PTA 年消耗量 = IF THEN ELSE（Time > = 2，235000，0） Units：吨；

（037）本年利润 = 营业收入 - 总成本费用 - 营业税金及附加 Units：万元；

（038）坏账 = 应收账款 × 坏账率 Units：万元；

（039）坏账率 =0.003 ［0，1，0.001］ Units：Dmnl；

（040）城建税 = （销项 - 进项） ×城建税率 Units：万元；

（041）城建税率 =0.07 ［0，0.07，0.01］ Units：Dmnl；

（042）增值税率 =0.17 ［0，0.17，0.01］ Units：Dmnl；

（043）应付账款 = INTEG（赊购 - 付款，0） Units：万元；

（044）应收账款 = INTEG（赊销 - 坏账 - 收现，0） Units：万元；

（045）应缴增值税 = INTEG（进项 - 销项，0） Units：万元；

（046）所得税 = 本年利润 ×所得税率 Units：万元；

（047）所得税率 =0.25 ［0，0.25，0.01］ Units：Dmnl；

（048）收入 = 营业收入 Units：万元；

（049）收现 = DELAY FIXED（应收账款，赊销信用期，应收账款） Units：万元；

（050）收现率 =1 ［0，1，0.01］ Units：Dmnl；

（051）教育费附加 = （销项 - 进项） ×教育费附加征收率 Units：万元；

（052）教育费附加征收率 =0.03 ［0，0.03，0.01］ Units：Dmnl；

（053）现金销售 = 营业收入 ×收现率 Units：万元；

（054）生产负荷 = IF THEN ELSE（Time =2，0.7，IF THEN ELSE（Time > =3：AND：Time < =15，1，0）） Units：Dmnl；

（055）营业收入 = PET 售价 ×PET 销售量 ×生产负荷 Units：万元；

（056）营业税金及附加 = 城建税 + 教育费附加 Units：万元；

（057）费用 = 总成本费用 + 营业税金及附加 Units：万元；

（058）赊销 = 营业收入 × （1 - 收现率） Units：万元；

（059）赊销信用期 =1/4 ［0，1，1］ Units：Year；

（060）进项 = （外购原材料 + 外购水电 + 外购燃料） ×增值税率 Units：万元；

（061）销项 = 营业收入 × 增值税率　Units：万元；

（062）净利润 = 本年利润 - 所得税　Units：万元；

（063）累计利润 = INTEG（本年利润，0）　Units：万元。

3.5.5 建设项目采购与成本费用估算子模型

采购与成本费用估算主要进行建设项目的成本费用估算和采购付款的估算。一般工业建设项目的总成本费用采用生产成本加期间费用法估算，其内容主要包括：直接材料费、直接燃料与动力费、直接工资及福利费、制造费用、管理费用、财务费用和营业费用。而经营成本 = 总成本费用 - 折旧费 - 无形资产摊销 - 借款利息支出。采购付款直接影响到建设项目现金流量，从而影响到财务评价指标数值。图 3-8 是采购与总成本费用估算子模型，其中的付现率直接影响了建设项目的现金流量，另外原材料采购单价的变动影响总成本费用的变动。

图 3-8 所示系统动力学模型的计算公式如下：

（064）付款 = DELAY FIXED（应付账款，赊购信用期，应付账款）　Units：万元；

（065）付现率 = 1 [0，0.01，1]　Units：Dmnl；

（066）付现采购 =（外购原材料 + 外购水电 + 外购燃料）* 付现率　Units：万元；

（067）其他制造费用 = 1260　Units：万元；

（068）其他管理费用 = 1153　Units：万元；

（069）其他费用 =（其他制造费用 + 其他管理费用 + 其他销售费用）× 生产负荷　Units：万元；

（070）其他销售费用 = 584　Units：万元；

（071）外购原材料 =（EG + PTA + 辅助材料）* 生产负荷　Units：万元；

（072）外购水电 =（水 + 电）* 生产负荷　Units：万元；

（073）外购燃料 = 燃料单价 * 燃料年消耗量 * 生产负荷　Units：

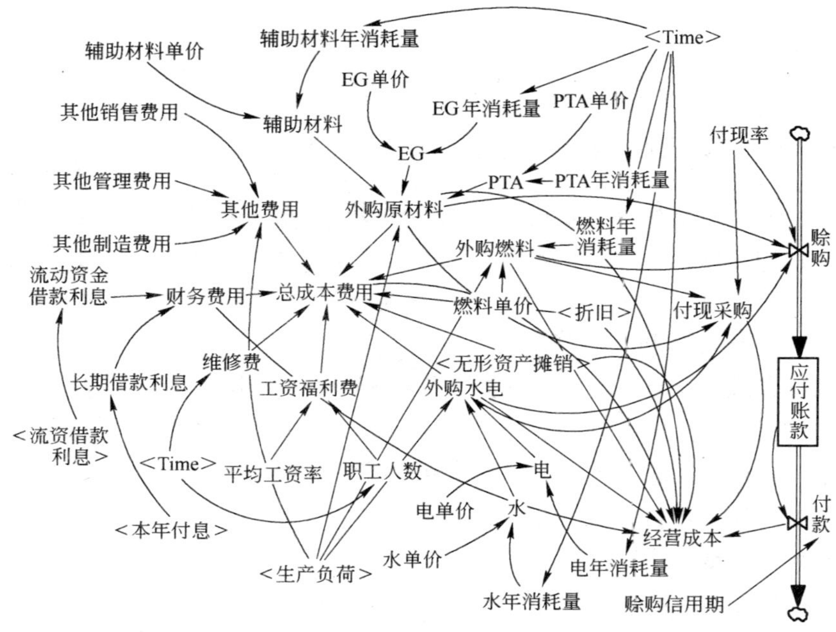

图 3-8　采购与总成本费用估算子模型

万元；

（074）工资福利费 = 平均工资率 * 职工人数　Units：万元；

（075）平均工资率 = 3. 8　Units：万元/（人·年）；

（076）总成本费用 = 其他费用 + 外购原材料 + 外购水电 + 外购燃料 + 工资福利费 + 折旧 + 无形资产摊销 + 维修费 + 财务费用　Units：万元；

（077）水 = 水单价 × 水年消耗量　Units：万元；

（078）水单价 = 0. 15　Units：元/方；

（079）水年消耗量 = IF THEN ELSE（Time > = 2，900，0）　Units：方；

（080）燃料单价 = 0. 1587　Units：万元/吨；

（081）燃料年消耗量 = IF THEN ELSE（Time > = 2，18000，0）

Units：吨；

(082) 电 = 电单价 × 电年消耗量 Units：万元；

(083) 电单价 = 0.36 Units：元/（kW·h）；

(084) 电年消耗量 = IF THEN ELSE（Time > = 2，2250，0） Units：kW·h；

(085) 经营成本 = 总成本费用 - 折旧 - 无形资产摊销 - 财务费用 + 付款 + 付现采购 - 外购原材料 - 外购水电 - 外购燃料 Units：万元；

(086) 维修费 = IF THEN ELSE（Time > = 2：AND：Time < = 15，2587，0） Units：万元；

(087) 职工人数 = IF THEN ELSE（Time > = 2：AND：Time < = 15，70，0） Units：人；

(088) 财务费用 = 流动资金借款利息 + 长期借款利息 Units：万元；

(089) 赊购 = （外购原材料 + 外购水电 + 外购燃料） ×（1 - 付现率） Units：万元；

(090) 赊购信用期 = 1/4 [0，1，1] Units：Year；

(091) 辅助材料 = 辅助材料单价 × 辅助材料年消耗量 Units：万元；

(092) 辅助材料单价 = 0.53 Units：万元/吨；

(093) 辅助材料年消耗量 = IF THEN ELSE（Time > = 2，10000，0） Units：吨。

3.5.6 建设项目现金流量估算子模型

建设项目现金流量估算是建设项目财务评价的基础。现金流量由现金流入和现金流出构成，其具体项目如图3-9所示。折现率直接影响财务净现值的计算。根据《建设项目经济评价方法与参数（第三版）》的规定，该行业的项目融资前税前财务基准收益率为14%。根据图3-9以及建设项目现金流量结构和建设项目现金流转因果关系（图3-4），构建了建设项目现金流量估算子模型，如图3-10所示。

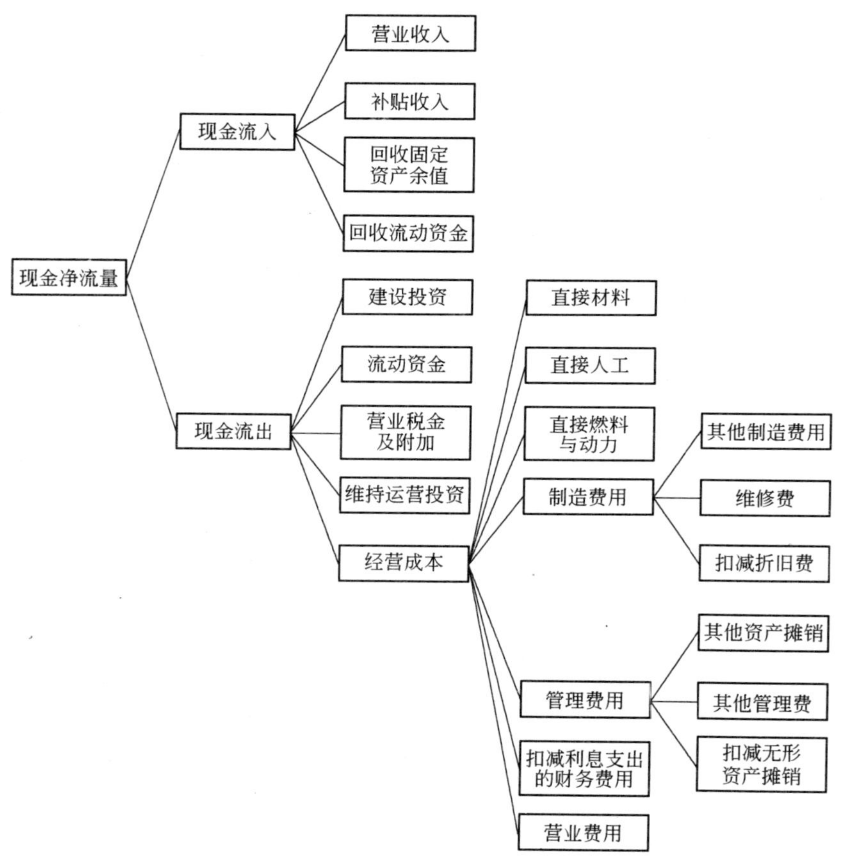

图3-9　建设项目现金流量项目结构

图3-10所示系统动力学模型的计算公式如下：

（094）净现金流量 = 现金流入 - 现金流出　Units：万元；

（095）回收固定资产余值 = 0　Units：万元；

（096）回收流动资金 = IF THEN ELSE（Time = 15,23050,0）Units：万元；

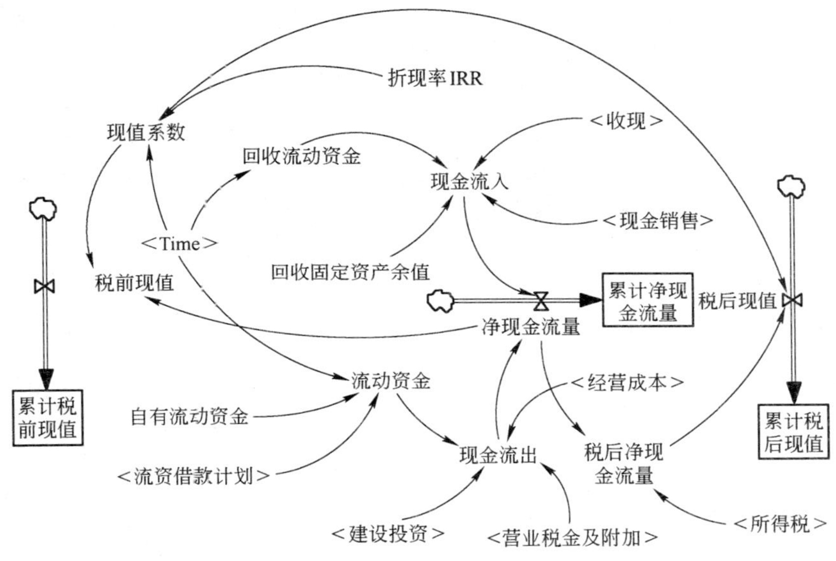

图 3-10 建设项目现金流量估算子模型

（097）折现率 IRR = 0.14 [0，1，0.01] Units：Dmnl；

（098）流动资金 = 流资借款计划（Time）+ 自有流动资金（Time） Units：万元；

（099）税前现值 = 净现金流量 × 现值系数 Units：万元；

（100）现值系数 = 1/（1 + 折现率）^Time Units：Dmnl；

（101）现金流入 = 回收固定资产余值 + 回收流动资金 + 收现 + 现金销售 Units：万元；

（102）现金流出 = 建设投资 + 流动资金 + 经营成本 + 营业税金及附加 Units：万元；

（103）累计净现金流量 = INTEG（净现金流量，0） Units：万元；

（104）累计税前现值 = INTEG（税前现值，0） Units：万元；

（105）自有流动资金 =（[（0，0）-（20，6000）]，（0，0），（1，0），（2，4840），（3，2075），（4，0），（5，0），（6，0），（7，

0)，(8，0)，(9，0)，(10，0)，(11，0)，(12，0)，(13，0)，(14，0)，(15，0)) Units：万元；

(106) 长期借款利息 = 本年付息 Units：万元；

(107) 累计税后现值 = INTEG (税后现值，0) Units：万元；

(108) 税后净现金流量 = 净现金流量 - 所得税 Units：万元；

(109) 税后现值 = 税后净现金流量 × 现值系数 Units：元。

稀土加工生产线建设项目系统动力学模型的运行与分析

* *

4.1 公司简介及稀土加工生产线建设项目概况

稀土是新材料的宝库。近20年来，世界稀土消费量表现出快速增长趋势。世界稀土消费量从1990年的33000吨（REO）增长到2007年的129534吨（REO），年均增长8.4%。

稀土产业是中国比较具有优势的特色产业。中国不仅有储量最多的稀土资源，稀土年产量、年消费量以及年出口量也位居全球之首。

江西省的稀土储量占南方风化淋积型（离子吸附性）稀土矿探明储量的36%左右，广东省的稀土储量占33%，福建省的稀土储量占15%，其他四省区大约占16%。江西省的稀土资源相对集中，赣南地区占到江西省稀土储量的90%左右。江西省寻乌县的稀土矿主要以富镧少钇型离子矿为主，轻稀土含量占74%。

寻乌稀土材料有限公司是一家以南方风化淋积型（离子吸附性）稀土矿作为原料进行生产加工的生产企业。该公司主要对稀土原矿进行提纯，生产高纯度的稀土氧化物。随着稀土在各种产品中的广泛应用，寻乌稀土材料有限公司利用其技术优势，以轻稀土作为深加工对象，该公司拟投资建设高纯度PET产品生产线。

PET产品生产线建设项目[1]（以下简称PET建设项目）计划于

---

[1] 为了保守商业秘密，本项目所有数据、产品名称和原材料名称均做了修改。

2008 年开工建设，占地 10 亩，两年建成，经营 14 年。PET 产品的原材料主要有 EG、PTA 和辅助材料等。

本章以此建设项目作为研究对象，构建基于系统动力学的建设项目财务评价模型。通过分析基于系统动力学的建设项目财务评价模型各因素的变动对财务评价指标的影响程度，找出影响建设项目的关键因素，以优选建设方案，制定切实可行的建设项目营运方案，提高建设项目经济效益。

4.2 模型的基本假设与参数估计

4.2.1 模型的基本假设

模型的基本假设主要有以下几点：

（1）由于 PET 建设项目属于稀土材料采选加工项目，项目产品 PET 属于工业用原材料产品，销售量由其生产量决定，然而其销售价格随着国际市场稀土价格波动而变动。所以，PET 产品销售量由其 PET 建设项目设计生产能力和生产负荷决定。PET 建设项目原材料的消耗量根据设计生产能力确定。

（2）银行贷款还本付息方式按照银行工业项目贷款的有关规定处理，该建设项目采用定额还本付息法进行处理。

（3）现金流入主要来源于产品销售收入，受到赊销产品收现率的影响；现金流出主要用于支付原材料采购和生产经营管理需要，其中原材料采购是正常生产经营年份现金流出的主要部分，其流出规模同样受到采购信用（付现率）的影响。

（4）根据《建设项目经济评价方法与参数（第三版）》的规定，结合银行贷款利率的实际数据，该项目财务评价折现率确定为 14%。

（5）根据现行国家税法的有关规定，PET 建设项目不涉及消费税和营业税项目。所得税率、增值税、城建税率和教育费附加征收率按照现行税法规定处理。

4.2.2 模型的参数估计

模型的参数涉及众多，而且有些不易确定。在模型调试中，参数选择与模型运行结合起来。本模型通过模拟试验法来确定有关参数，在参数的变化范围内先粗略地试用参数进行模拟调试，模型行为无显著变化时，即确定了该参数。

模型中参数的初始值、常数值和表函数等采用数理统计方法和线性拟合方法进行确定。本模型中使用了较多的表函数，方便有效地处理众多非线性问题，同时，为了简化模型，对于产品和原材料的价格、产量、年耗用量采用常数进行简化处理。

本模型参数的估计采用了以下方法：

（1）应用统计资料、调查资料确定参数；

（2）一些常用的数学方法，如多项式线性拟合法；

（3）专家估计法；

（4）国家有关文件的规定，如税法等；

（5）其他方法。

PET 建设项目模型的参数主要有：产品和主要原材料价格预测、建设投资估算、常量参数的确定、表函数的确定。

4.2.2.1 产品和主要原材料的价格预测

根据市场调查资料、稀土产业市场行情以及 EG、PTA 和 PET 产品价格资料，采用多项式线性拟合法来预测确定 PET、EG、PTA 等原材料及产品的价格（见表 4-1）。

表 4-1 产品和主要原材料的价格 单位：元/吨

期 数	年 份	EG	PTA	PET
1	1994	5160.00	7234.00	10021.00
2	1995	6787.00	12224.00	15393.00
3	1996	5623.00	6735.00	8841.00
4	1997	5584.00	4891.00	7059.00

续表 4-1

期　数	年　份	EG	PTA	PET
5	1998	4662.00	3324.00	5817.00
6	1999	4409.00	3987.00	6753.00
7	2000	5557.00	4888.00	7877.00
8	2001	4487.00	4299.00	5915.00
9	2002	4957.00	4615.00	6667.00
10	2003	6545.00	6160.00	8310.00
11	2004	9560.00	7210.00	9536.00
12	2005	8997.00	8140.00	9493.00
13	2006	8205.00	9060.00	11270.00
14	2007	10500.00	7550.00	10600.00
平均价格		6502.36	6451.21	8825.14

A　EG 价格预测

根据表 4-1 提供的数据绘制 EG 价格曲线图（见图 4-1），确定 EG 的价格预测计算公式为：

$$P_{EG}=0.0187x^6-0.324x^5-11.056x^4+348.35x^3-3332.2x^2+12449x-9305.8$$

$R^2=0.9184$，说明根据该计算公式预测 EG 价格的可靠性较高。

根据上述公式计算，2008 年 EG 的预测价格为 10622.64 元，在进行财务分析时确定其价格区间为 6000～11000 元/吨。

B　PTA 价格预测

根据表 4-1 提供的数据绘制 PTA 价格曲线图（见图 4-2），确定 PTA 的价格预测计算公式为：

$$P_{PTA}=-0.2416x^6+12.777x^5-269.99x^4+2878.8x^3-15869x^2+40468x-27613$$

$R^2=0.8943$，说明根据该计算公式预测 PTA 价格的可靠性较高。

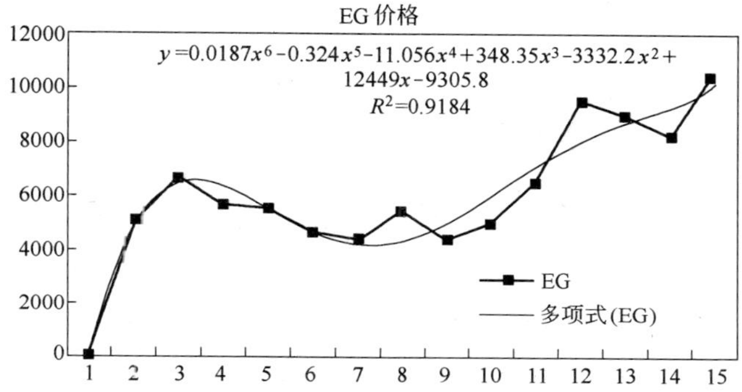

EG 价格

$y=0.0187x^6-0.324x^5-11.056x^4+348.35x^3-3332.2x^2+12449x-9305.8$

$R^2=0.9184$

EG

多项式(EG)

图 4-1　EG 价格曲线图

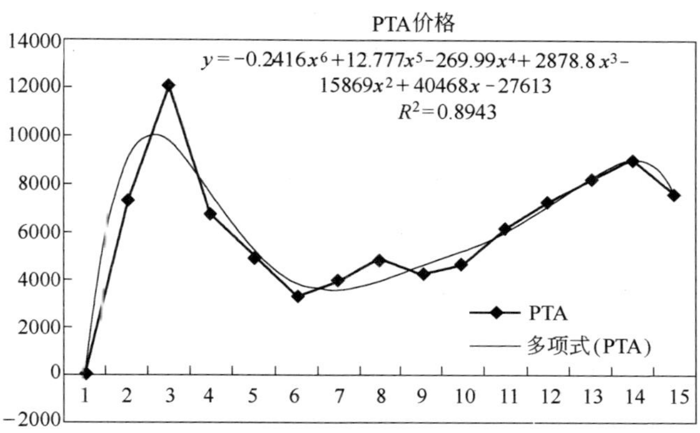

图 4-2　PTA 价格曲线图

根据上述公式计算，2008 年 PTA 的预测价格为 7147.63 元，在进行财务分析时确定其价格区间为 6000～10000 元/吨。

C　PET 价格预测

根据表 4-1 提供的数据绘制 PET 价格曲线图（见图 4-3），确定 PET 的价格预测计算公式为：

$$P_{PET}=-0.3175x^6+16.84x^5-354.63x^4+3746.1x^3-20409x^2+51708x-35015$$

R^2 = 0.8888，说明根据该计算公式预测 PET 价格的可靠性较高。

根据上述公式计算，2008 年 PET 的预测价格为 9875.31 元，在进行财务分析时确定其价格区间为 8000 ~ 11000 元/吨。

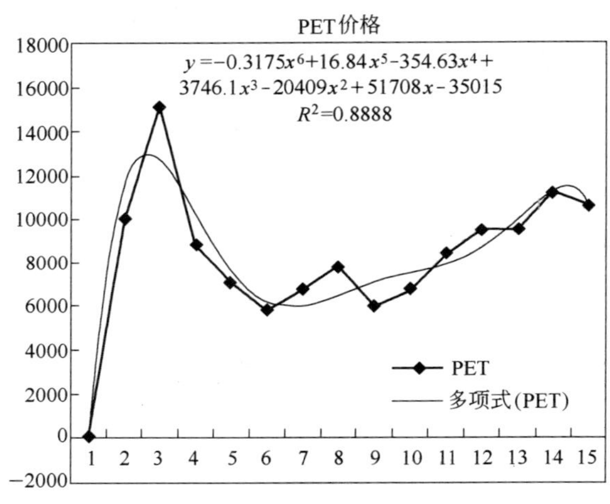

图 4-3　PET 价格曲线图

4.2.2.2　建设投资各种参数

A　建设投资估算

本项目建设投资估算表如表 4-2 所示。

表 4-2　建设投资估算表　　　单位：万元

序号	项　目	建设工程	设备采购	安装工程	其　他	总　计	占总值比
1	固定资产投资	4730.00	38049.00	13442.00	5013.00	61234.00	0.89
1.1	主要工程	4730.00	38049.00	13442.00	5013.00	61234.00	
1.1.1	主体工程	4730.00	38049.00	13442.00	5013.00	61234.00	
2	无形资产	—	—	—	3900.00	3900.00	0.06
2.1	技　术				3300.00	3300.00	
2.2	场地使用权					—	

续表 4-2

序号	项 目	建设工程	设备采购	安装工程	其 他	总 计	占总值比
2.3	其他无形资产				600.00	600.00	
3	递延资产					—	—
3.1	咨询调查					—	
3.2	人员培训					—	
3.3	筹建费					—	
3.4	其 他					—	
4	投资方向调节税					—	—
5	预备费	3500.00				3500.00	0.05
5.1	基本预备费	1600.00				1600.00	
5.2	涨价预备费	1900.00				1900.00	
	总 计	8230.00	38049.00	13442.00	8913.00	68634.00	1.00
	占总值比	12%	55%	20%	13%	100%	

B 建设投资规模及其资金投放计划

在 PET 建设项目中，建设投资规模及其资金投放安排如表 4-3 所示。

表 4-3 建设投资规模及其资金投放安排表 单位：万元

项 目	年 份			
	2008	2009	2010	2011
固定资产	33164.00	34902.00		
无形资产		3900.00		
流动资金			16135.00	6915.00
合 计	33164.00	38802.00	16135.00	6915.00

C 借款计划

在 PET 建设项目中，借款来源于银行，银行还贷采用定额还本付息法估算。长期借款利率为 0.0711，长期借款期限为 15 年，从 2010 年开始采用定额本息偿还法进行还贷，还款 14 年，每年偿还 3624.73 万元；短期借款利率为 0.0639，短期借款期限为 10 年，还本付息估算如表4-4所示。

表4-4 借款估算表

单位：万元

项 目	年 份			
	2008	2009	2010	2011
长期借款	23160.00	27586.00		
流动资金借款			11295.00	4840.00
合 计	23160.00	27586.00	11295.00	4840.00

4.2.2.3 常量参数的确定

A 其他与销售相关的各种参数

在PET建设项目中，PET产品售价、销售量等参数估算如表4-5所示。

表4-5 PET销售量等参数估算表

项 目	年 份	
	2010	2011～2023
生产负荷	70%	100%
销售量/万吨	21	30
收现率	1	1
销售单价/元	10650.00	10650.00
坏账率	0.003	0.003
增值税率	0.17	0.17
城建税率	0.07	0.07
教育费附加率	0.03	0.03
所得税率	0.25	0.25

B 与成本费用有关的参数

在上述市场预测模型中预测了EG、PTA、PET等的价格和取值范围，维修费按固定资产原值的3.8%估算。在PET建设项目中，总成本费用有关参数估算如表4-6所示。

表 4-6 总成本费用有关参数估算表

项 目	年 份	
	2010	2011 ~ 2023
生产负荷	70%	100%
EG 年消耗量/万吨	6.3	9
EG 单价/元 · 吨 $^{-1}$	8800.00	8800.00
PTA 年消耗量/万吨	23.5	23.5
PTA 单价/元 · 吨 $^{-1}$	7600.00	7600.00
辅助材料年消耗量/万吨	1	1
辅助材料单价/元 · 吨 $^{-1}$	5300.00	5300.00
水年消耗量/万方	900	900
水单价/元 · 方 $^{-1}$	0.15	0.15
电年消耗量/万千瓦 · 时	2250.00	2250.00
电单价/元 · （千瓦 · 时）$^{-1}$	0.36	0.36
付现率	1	取值范围 1 ~ 0
燃料油年消耗量/万吨	1.8	1.8
燃料油单价/元 · 吨 $^{-1}$	1587.00	1587.00
职工人数/人	70	70
平均工资福利费/万元 · （人 · 年）$^{-1}$	3.8	3.8
维修费/万元 · 年 $^{-1}$ （3.8%）	2587.00	2587.00

C 其他常量参数的确定

PET 建设项目财务评价模型的常量参数如表 4-7 所示。

表 4-7 常量参数表

项 目	取 值	取 值 范 围
长期借款利率/%	7.11	
流动资金借款利率/%	6.39	
项目建设期/年	2	
项目经营期/年	14	
固定资产折旧年限/年	14	
无形资产摊销年限/年	10	
流动资金借款期限/年	10	

续表 4-7

项　目	取　值	取值范围
长期借款期限/年	15	
PET 单价/万元·吨$^{-1}$	1.065	0.8～1.1
EG 单价/万元·吨$^{-1}$	0.88	0.6～1.1
PTA 单价/万元·吨$^{-1}$	0.76	0.6～1.0
职工年工资福利费/万元·人$^{-1}$	3.8	
职工人数/人	70	
所得税率/%	0.25	
增值税率/%	0.17	
城建税率/%	7	
教育费附加征收率/%	3	
维修费/万元	2587	按固定资产投资 3.8% 计算
生产负荷/%	70	2010 年
生产负荷/%	100	2011 年～2023 年

4.2.2.4　表函数的确定

本模型的表函数较多，主要依据建设项目的实际情况采用财务数据或统计分析数据加以确定。具体数据参见 3.5 节中有关计算公式，此处不再赘述。

4.3　模型运行结果及其分析

4.3.1　基本模拟运行结果及其分析

根据3.5 节构建的建设项目财务评价模型以及3.5 节和4.2 节提供的模型参数，进行模型的模拟运算，得到如下结果：

（1）还本付息估算表，见表 4-8。

（2）总成本费用估算表，见表 4-9。

（3）PET 建设项目全部投资现金流量表，见表 4-10。

为了节约篇幅，其他的模拟运行结果此处不再列出。

表 4-8 借款还本付息估算表

单位:万元

项目	年份															
	2008	2009	2010	2011	2012	2013	2014	2015	2016	2017	2018	2019	2020	2021	2022	2023
年初借款余额		23160	50746	47122	43497	39872	36247	32623	28998	25373	21748	18124	14499	10874	7249	3625
本年借款本金	22365	25049														
本年借款利息	795	890														
累计至前期借款利息		1647														
本年付息		0	3608	3350	3093	2835	2577	2319	2062	1804	1546	1289	1031	773	515	258
本年还本		0	3625	3625	3625	3625	3625	3625	3625	3625	3625	3625	3625	3625	3625	3625
年末借款余额	23160	50746	47122	43497	39872	36247	32623	28998	25373	21748	18124	14499	10874	7249	3625	
本年流动资金借款			11295	4840												
流动资金借款利息				722	1031	1031	1031	1031	1031	1031	1031	1031				
累计流动资金借款				11295	16135	16135	16135	16135	16135	16135	16135	16135	16135	16135	16135	16135
长期借款利率/%	7.11															
流动资金借款利率/%	6.39															
长期借款借款计划	22365	25049														
流动资金借款计划			11295	4840												
利息备付率			7	10	10	11	11	12	13	14	16	18	40	53	80	159
偿债备付率			4	6	6	6	6	7	7	7	7	8	10	10	11	12
本年利润			22382	36530	36479	36736	36994	37252	37510	37767	38025	38283	39961	40219	40477	40735
折旧			4862	4862	4862	4862	4862	4862	4862	4862	4862	4862	4862	4862	4862	4862
无形资产摊销			390	390	390	390	390	390	390	390	390	390				

表 4-9 总成本费用估算表

单位:万元

项目	年份													
	2010	2011	2012	2013	2014	2015	2016	2017	2018	2019	2020	2021	2022	2023
生产负荷	0.70	1	1	1	1	1	1	1	1	1	1	1	1	1
外购原材料	184170	263100	263100	263100	263100	263100	263100	263100	263100	263100	263100	263100	263100	263100
外购燃料	2000	2857	2857	2857	2857	2857	2857	2857	2857	2857	2857	2857	2857	2857
外购动力	662	945	945	945	945	945	945	945	945	945	945	945	945	945
直接人工	266	266	266	266	266	266	266	266	266	266	266	266	266	266
维修费	2587	2587	2587	2587	2587	2587	2587	2587	2587	2587	2587	2587	2587	2587
折旧费	4862	4862	4862	4862	4862	4862	4862	4862	4862	4862	4862	4862	4862	4862
摊销费	390	390	390	390	390	390	390	390	390	390	0	0	0	0
财务费用	4330	4382	4124	3866	3609	3351	3093	2835	2578	2320	1031	773	515	258
流动资金借款利息	3608	3350	3093	2835	2577	2319	2062	1804	1546	1289	1031	773	515	258
长期借款利息	722	1031	1031	1031	1031	1031	1031	1031	1031	1031	0	0	0	0
其他费用	2098	2997	2997	2997	2997	2997	2997	2997	2997	2997	2997	2997	2997	2997
其他制造费用	882	1260	1260	1260	1260	1260	1260	1260	1260	1260	1260	1260	1260	1260
其他管理费用	807	1153	1153	1153	1153	1153	1153	1153	1153	1153	1153	1153	1153	1153
其他销售费用	409	584	584	584	584	584	584	584	584	584	584	584	584	584
总成本费	201364	282385	282128	281870	281612	281354	281097	280839	280581	280324	278644	278387	278129	277871
经营成本	191782	272752	272752	272752	272752	272752	272752	272752	272752	272752	272752	272752	272752	272752

表 4-10 全部投资现金流量表 单位:万元

项目状态	建设期		经营期													
年份	2008	2009	2010	2011	2012	2013	2014	2015	2016	2017	2018	2019	2020	2021	2022	2023
期数		1	2	3	4	5	6	7	8	9	10	11	12	13	14	15
生产负荷			0.7	1	1	1	1	1	1	1	1	1	1	1	1	1
现金流入			223650	319500	319500	319500	319500	319500	319500	319500	319500	319500	319500	319500	319500	342550
营业收入			223650	319500	319500	319500	319500	319500	319500	319500	319500	319500	319500	319500	319500	319500
回收流动资金																23050
回收固定资产余值																
现金流出	33164	38802	208543	280561	273646	273646	273646	273646	273646	273646	273646	273646	273646	273646	273646	273646
建设投资	33164	38802														
流动资金			16135	6915												
经营成本			191782	272752	272752	272752	272752	272752	272752	272752	272752	272752	272752	272752	272752	272752
营业税金及附加			626	894	894	894	894	894	894	894	894	894	894	894	894	894
所得税前净现金流量	-33164	-38802	15107	38939	45854	45854	45854	45854	45854	45854	45854	45854	45854	45854	45854	68904
所得税			5596	9133	9120	9184	9249	9313	9377	9442	9506	9571	9990	10055	10119	10184
所得税后净现金流量	-33164	-38802	9512	29807	36735	36670	36606	36541	36477	36412	36348	36284	35864	35799	35735	58721

下面根据模型模拟结果图来分析 PET 建设项目系统行为是否符合要求，从而通过调整变量参数来选择建设项目方案。

4.3.1.1　还本付息模拟曲线

从图 4-4 中可以看出，模型模拟的结果和 PET 建设项目银行借款的实际数据一致。在进行项目财务评价阶段，投资者可以根据调整借款利率来分析年初借款余额的变化情况，从而选择切实可行的融资方案。图 4-5 反映了长期借款利率按正态分布（MIN =0，MAX =1，MEAN =0.07，DEV = 0.05）进行变动时对年初借款余额的影响状态。

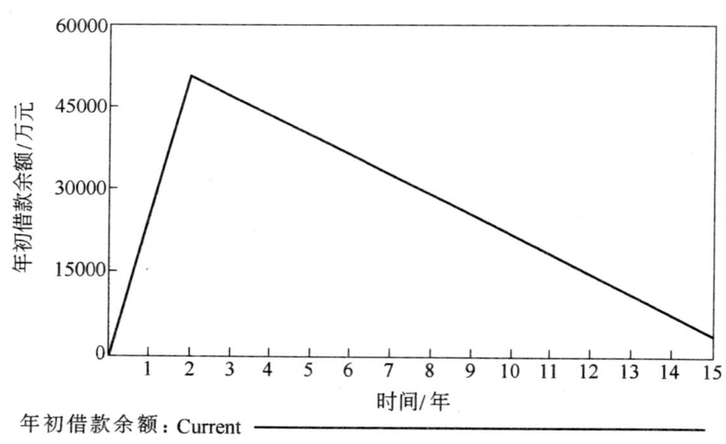

图 4-4　年初借款余额模拟图

4.3.1.2　现金流入模拟曲线

PET 建设项目现金流入主要来源于产品销售收入，而产品销售收入又分为现金销售和赊销销售，收回现金的速度主要取决于收现率和赊销信用期。因此，在进行财务评价和项目建成后运营时都必须考虑这两个因素对现金流入的影响。图 4-6 反映了收现率变动和赊销信用期变动对现金流入的影响。

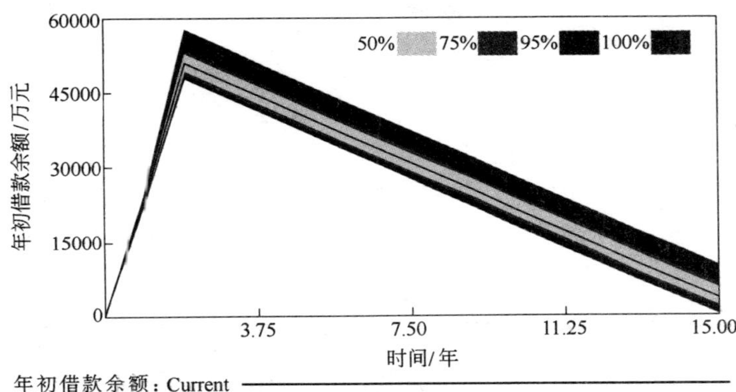

图 4-5 长期借款利率变动与年初借款余额的影响模拟图

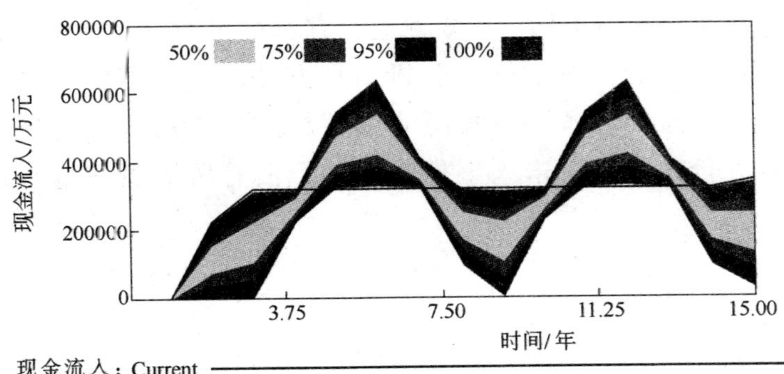

图 4-6 收现率变动和赊销信用期变动对现金流入的影响

4.3.1.3 净现金流量模拟曲线

净现金流量主要受到现金流入和现金流出的影响，按照模型提供的初始值模拟得到的净现金流量曲线图如图 4-7 所示。

4.3.2 模型的有效性检验

模型的有效性检验是为了验证构造模型与现实系统的吻合

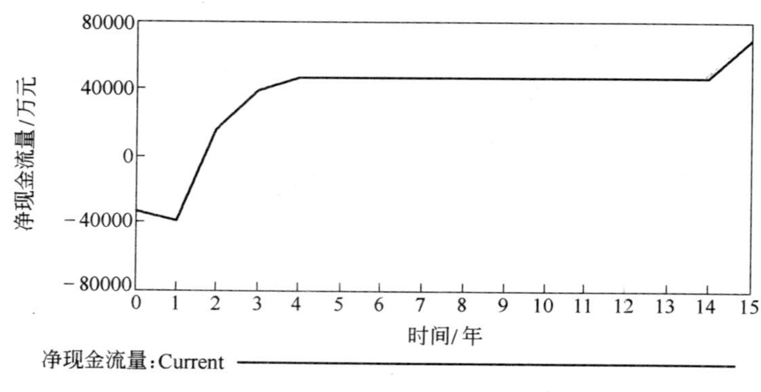

图 4-7 净现金流量曲线图

度，检验模型所获得信息与行为是否反映了实际系统的特征和变化规律，验证通过模型的分析研究能否正确认识与理解所要解决的问题。系统动力学模型有效性检验方法可分为直观检验、运行检验、历史检验以及敏感性分析四种方法。在本书中，历史检验方法不适合作为本项目模型有效性检验的方法，因为建设项目财务评价本身是对未来事件的评估，没有历史数据用于比较检验。

4.3.2.1 直观检验

直观检验主要通过对资料的进一步分析，来检验模型是否与系统的内部机制相一致，因果分析是否合理，对每个元素、变量是否有正确的定义，模型方程表述是否合理、量纲是否一致。本项目参阅了大量资料并进行了必要的调研，力求使模型结构与实际系统的结构尽可能一致。

4.3.2.2 运行检验

根据 PET 建设项目的实际情况，结合《建设项目经济评价方法与参数（第三版）》和财务会计制度的要求，构建的模型运行结果与实际情况基本一致。图 5-4 所示年初借款余额图反映的年初借款余额与实际银行借款数额一致。

4.3.2.3　敏感性分析

敏感性分析将在 4.4 节专门讨论。

4.4　项目敏感性分析

模型的运行是在多个参数的不同组合下进行的，每个参数的变动对建设项目财务评价指标都会产生不同程度的影响。因此，在进行建设项目财务评价时应该按照重要性原则，选取对财务评价指标变化有重大影响的因素进行调试，分析其对财务指标的影响，从而找出影响建设项目的关键因素并加以控制和管理，确保建设项目具有良好的经济效益。

本模型我们选取了几个典型因素进行敏感性分析，分析这些因素对财务指标的影响程度。

（1）PET 销售量敏感性分析结果如图 4-8 和表 4-11 所示。

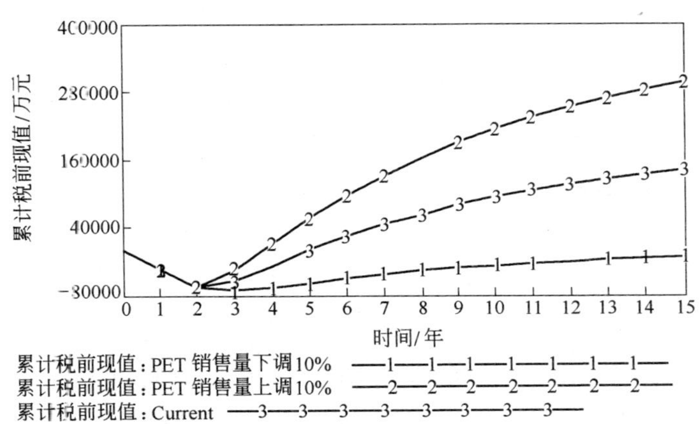

图 4-8　PET 销量对 *NPV* 的敏感性分析图

表 4-11 PET 销量敏感性分析表

项　目	PET 销量（+10%）	PET 销量（+0%）	PET 销量（-10%）
NPV/万元	-14236	139470	293177
税后利润/万元	6802	30358	53912

（2）EG 单价敏感性分析如图 4-9 和表 4-12 所示。

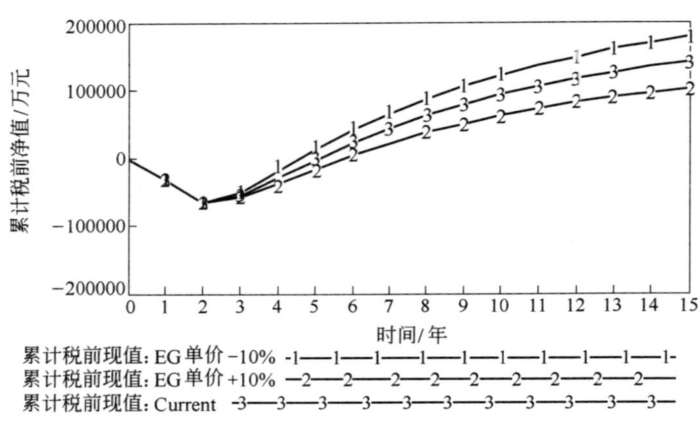

图 4-9　EG 单价对 *NPV* 的敏感性分析图

表 4-12　EG 单价敏感性分析表

项　目	EG 单价（+10%）	EG 单价（+0%）	EG 单价（-10%）
NPV/万元	177572	139470	101368
税后利润/万元	36197	30358	24519

4.5　项目财务评价

应用系统动力学方法，根据《建设项目经济评价方法与参数（第三版）》的要求，对 PET 建设项目的财务指标进行了研究和分析。PET 建设项目的税前财务净现值（*NPV*）为 139470 万元，税前内部收益率 *IRR* 为 41%，比该行业平均税前内部收益率 16% 要高，税前静态投资回收期为 4.39 年，税前动态投资回收期为 5.09 年；

PET 建设项目的税后财务净现值（*NPV*）为 94355 万元，税后内部收益率 *IRR* 为 33%，比该行业平均税后内部收益率 14% 要高，税后静态投资回收期为 4. 89 年，税后动态投资回收期为 5. 95 年。

从财务评价指标的结果值来看，PET 建设项目是可行的，风险较低。但是也要注意 PET 销量、EG 单价、PTA 单价等几个关键因素对项目经济效益的影响。

基于系统动力学的酒店投资项目经济评价研究

＊＊＊＊＊＊＊＊＊＊＊＊＊＊＊＊＊＊＊＊＊＊＊＊＊＊＊＊＊＊

5.1 酒店投资概述[20~24]

在中国现代化的历史进程中，工业化和城镇化是两大核心主题，其带来的对现代服务业的要求，造就了中国现阶段对商业地产投资的强劲需求。而酒店物业以其独特的城市综合服务功能，必将在今后一段时期内保持相当的增长势头。酒店业是一个特殊性的行业，特别是中国酒店业在特殊的条件下发展，用短短几十年的时间完成了从行业的起步到初步成熟的过程。

据国家旅游局信息中心 2007 年 5 月 11 日对外发布《中国旅游饭店发展现状、趋势及面临的挑战》报告称：全国高档饭店正迎来建设高峰，据不完全统计，全国待评、在建、待建（2007 年底前开工）高档饭店（相当于四、五星级）总计 1107 家，其中按五星级标准建设的酒店 554 家，大大超过目前全国五星级饭店的总量。

从酒店业的区域发展上看，欧洲和美洲是酒店业最为集中的地区。美洲、欧洲酒店客房数量在 1991 年和 1995 年占整个行业内客房比例分别为 38.86%、44.90% 和 35.86%、44.36%，其他地区只有东亚和太平洋地区从 1991 年的 11.38% 增长到了 1995 年的 13.93%。从行业内主要企业集团的数量以及市场占有率等方面来看，尽管近年来全球酒店业的集中化态势日益明显，但与其他生产制造业的由分散到高度集约化的发展过程不同，有漫长发展历史的酒店业现阶段仍然是一个相对分散的行业。1999 年，全球大约 2000 多万间酒店客房中实行集约经营的不到 1/3，多集中在发达国家和地区的高档酒店市场。1999 年，全球排名前三位的圣达特、精品国际和巴斯公司，其所属的酒店分别为 5978、3670 和 2738 座，客房总数在全球客房总量中所占比例不到 10%。但我们必须看到任何行业都有由分散向集中发展的一般规律。由于世界酒店集团自身发展的成熟而要求进一步拓展市场空间、扩大经济规模，采取品牌延伸、产品线延伸、输出管理模式的方式，通过多角化经营、规模经营以达到规模经济、范围经济。

纵观新中国酒店发展状况，总体上酒店数是逐年增加的，特别是 1978 ~ 2001 年，20 多年始终保持着增长态势。中国酒店业在总增长态势的发展过程中，增长率的起伏呈现周期性的变化。以 1991 年最低年增长率为分水岭，1978 ~ 1991 年为第一次周期，1991 ~ 1998 年为第二次周期，在两次周期内酒店数都经历了加速、减速增长过程，只是在不同周期内轮替的时间在不断缩短。我国旅游服务业自从 1978 年作为一个经济产业起步以来，经过 20 多年的快速发展，产业规模进一步扩大，产业结构进一步完善，产业地位、产出水平进一步提高。到 2002 年末，全国共有各类旅游企业 29.38 万个，比上年增长 0.9%。旅游业直接从业人员 612.63 万人，比上年增长 2.5%；旅游业拥有固定资产原值 8238.20 亿元，比上年增长 5.7%。1978 年以前，我国的旅游业一片空白，只有 137 座酒店。1978 ~ 1985 年是第一周期的加速增长阶段，当时国际游客的急速增加和国内酒店业发展落后的矛盾突出，解决酒店供需矛盾成为当时发展旅游业的关键问题，增加酒店数量是当时发展中国酒店业的主要任务。1986 ~ 1990 年是第一周期的减速增长阶段，到 1986 年我国酒店供需矛盾已基本得到缓解，国家对建设酒店开始有所限制，加上 1989 年国际客人的锐减，影响到酒店客源，所以 1990 ~ 1991 年酒店增加数降到低谷。1991 ~ 1995 年是第二周期的加速增长阶段，1991 ~ 1992

年我国改革开放和经济改革的政策进一步深化，商贸活动的频繁和国际旅游客人的增加刺激了酒店投资者，酒店年增长率在 1995 年又达新高。1996 ~ 1998 年，由于亚洲金融风暴的影响，对于酒店投资也带来影响。1999 年以后，世贸组织的加入和新经济在我国的兴起，酒店业呈现高速扩展的状态，2000 年酒店数年增长率高达 49%，1998 ~ 2000 年出现了第二次周期后的加速增长。

中国加入世界贸易组织，使中国的酒店业面临一个新的发展机遇。国门大开，国外客人纷纷进入中国，观光旅游也好，公务商务之行也罢，都免不了要吃饭住宿，而食宿的最佳选择就是酒店。因此，入世为中国的酒店业带来了源源不断的客流。然而，与此同时，各种壁垒障碍的相继消除，中国市场的无限发展潜力，政局的相对稳定，市场准入程度和服务贸易市场开放程度的扩大，再加上自身扩大规模追求更大利润的需要，大批国际酒店集团也来到中国，以更大的热情投入中国市场的开拓，试图重新分配中国酒店的市场份额。原本已经在中国立足的继续扩张势力（如在中国已有十几家酒店的香格里拉集团就针对形势，制定了在中国市场发展的新计划，要在不太长的时间里扩张到 30 家酒店；喜达屋集团的下一步计划是向除北京、上海、广州等几个大城市之外的城市和地区扩张中档酒店等）；尚未进入中国市场的则趁机抢占市场，寻机立足，而且是多种品牌同时并进。中国酒店业的强势企业应抓住目前中国酒店业经营低潮和国企改制低成本的机遇，实现低成本扩张，迅速完成市场的有效集中，抢占国内旅游和酒店市场份额，为日后进入国际市场，参与世界经济一体化大循环竞争做好充分的资本积累。同时，要尽快利用规模经济和范围经济，扩大经营规模，降低经营成本，避免市场过度竞争，实现从粗放型向集约型的转变。

酒店管理是一个复杂的系统，酒店投资包含很多复杂的因素，也存在大量的不确定性。其中经营成本覆盖面广，而且不稳定，成本的驱动因素极其复杂。销售收入也具有极大的不稳定性，受季节、节假日等因素影响较大。传统的项目评价模型难以进行复杂的分析，动态酒店投资系统模型的建立有利于酒店业高层管理者了解整个企业的投资与经营状况，同时为酒店业提供“战略决策实验室”。促进管理者对酒店的人、财、物进行系统管理。该模型的建立还可以加强管理者对酒店投资风险的认识和防范，通过仿真模型的建立为管理者提供投资风险、财务风险和市场风险的预警。对提高酒店管理者的决策能力以及各项指标的预测都有积极的价值和作用，同时该模型的建立对低成本酒店投资对管理者的指导作用也具有极大的借鉴意义。面对世界酒店发展潮流，面对国际酒店的逐鹿中国，中国酒店业也应重新审视自身的优劣势和面临的机遇与挑战。在激烈的酒店业竞争中，一套合理的投资模式和准确的经营预测是赢得企业竞争的一个非常关键的问题。

5.2 建模的目的

建模的目的是为了说明一组特定的问题，加深对系统内部反馈结构的认识，这也是系统动力学研究问题的第一步。本章就是从对酒店业筹资、投资的可行性研究到对未来经营成果预测整个阶段进行综合考察，建立一个系统的运作模型。涵盖了从筹资开始的一系列活动，基于系统动力学对酒店投资前期进行可行性研究，分析内在影响因素，揭示各相关因素的影响其动态的变化规律，从而使管理者对酒店未来经营规模、经营风险进行定量的预测。

5.3 系统边界的界定

系统边界，通俗地说就是规定哪些部分应该划入模型范围，哪些部分不应该划入模型范围。一个系统的动态行为的模式是由系统边界内各部分的相互作用产生的。所以把建模目的所考虑的内容圈入，与环境隔开。这是一个想象的轮廓，力图把那些与建模目的关系密切、重要的量都划入边界，使系统形成一个闭合的回路。为了避免系统过于繁冗，那么就应该尽可能地缩小边界的范围，也就是针对研究问题，筛选出哪些变量和问题症候关系密切，影响甚小的变量就可考虑排除在边界外。本研究中系统边界内包括影响酒店业筹资、投资、资金运用、收支结余、现金流量和资产负债等相关因素，建立需求子系统、筹资投资子系统、收入和成本子系统、利润子系统、人力资源子系统、现金流量子系统六大子系统，通过建模对其进行动态思考，能较全面地剖析出酒店业在投资时的相关影响。另外考虑到现实生活中酒店业所处的社会环境，如受当地消费水平、国民收入水平、季节等相关因素的影响，体现了系统的整体性。

5.4 系统结构分析

系统结构分析即研究系统及其组成部分之间的关系，在整个建模过程是一个“骨架”的作用，其研究系统的反馈结构，分析系统整体与局部之间的关系，进而弄清楚系统中的因果关系与反馈回路，形成因果关系图。这是定量分析前，框架的建立。运用系统动力学对酒店业进行投资预测的优势，在于能够将影响酒店运营的各相关因素、变量作为一个整体来研究、具有直观性和全局性的特点。对于不同的制造企业来说，虽然在生产方式、管理模式等方面会存在差异，但基本的财务预测具有一些共性。图 5-1 所示是酒店运营的因果关系图。

5.5 酒店运营系统动力学模型

图 5-1 所示的因果关系图只是简单地描述了影响酒店业的一些主要因素，为了更深入地探讨酒店投资项目运营，在分析系统结构的基础上，运用系统动力学 Vensim 语言揭示各变量间的相互关系，建立相应方程，在定性的基础上，构建出酒店投资项目的系统动力学模型。具体可将整个系统划分为：需求子系统、筹资投资子系统、

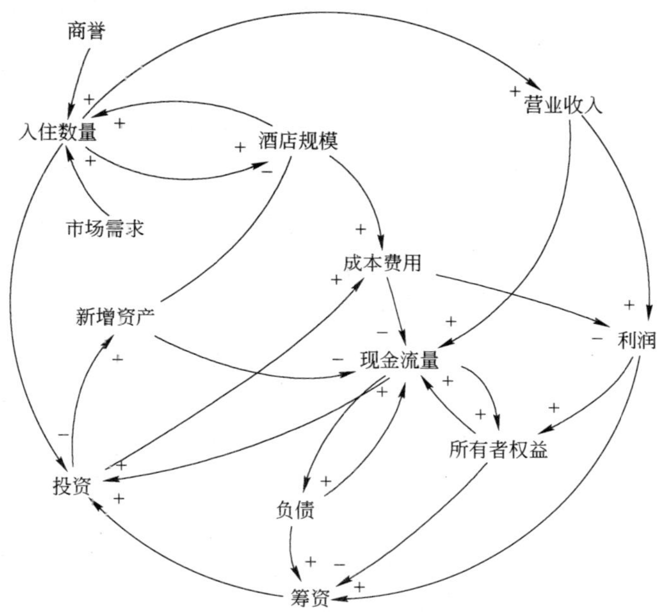

图 5-1 酒店运营的因果关系图

收入和成本子系统、利润子系统、人力资源子系统、现金流量子系统，再由这些子系统全面地剖析酒店运营的行为模式。

5.5.1 市场子系统

对酒店需求进行市场分析，可以使开发者了解各类旅客的具体特点和竞争对手酒店的竞争实力，有助于酒店管理人员确定营销策略。酒店市场是指酒店产品的现实购买者和潜在购买者需求的总和。在酒店投资的可行性研究中，主要是从市场营销学的角度来认识和分析酒店市场，所以直接将酒店市场称为酒店客源市场。为了便于分析，可将酒店市场划分为几个细分市场，各个细分市场的需求量、需求季节性、价格敏感性、平均住宿期、双人房租用率、对服务设施和项目的需求都会有所不同。据此，可划分出三个市场：商务细分市场、会议细分市场和休假细分市场。根据各个细分市场的特点，对各个细分市场的需求量进行定量分析，可以更精确地判断出当地酒店市场的总需求量。

另外，酒店产品主要是客房和餐饮两方面，认识酒店所在地某一时期内酒店产品的需求总量，对于酒店投资的意义是显而易见的。要了解目前市场对同类酒店客房及餐饮的需求量，可根据酒店业务量分析法确定某一酒店市场区域的需求量，计算出本地区各餐馆现有需求量之和。所有竞争性酒店总需求量是本地区市场总需求量，但这个总需求量不包括这些酒店客满时为满足的需求量，即以酒店入住率或上座率100%时为上限。

总结酒店业务量法有三个步骤：

（1）确定酒店商业区域。商业区域的半径大小，受当地人口密度、附近竞争对手酒店、酒店类型、交通方式、商誉等因素的影响。

（2）明确商业区域内竞争对手的数量、规模及市场占有率。

（3）根据影响需求量的各种宏观和微观因素以及当地经济发展情况，预测酒店需求量增长率或递减率，预计将来总需求量。

一方面，使用酒店业务量分析法，了解各个酒店目前客房出租率发展趋势。客房出租率是酒店经营管理中所要追求的主要经济指标，象征酒店的客源市场充足程度，表明酒店经营管理成功的程度。各个酒店的客房出租率乘以可供出租的客房数，再乘以营业天数，就可求出各个酒店年出租客房总间天数。计算各个酒店客房出租总间天数之和，然后再加上当地酒店未满足的旺季需求间天数，可估计出当地客房需求总间天数。具体可按以下步骤预计酒店将来的客房出租率：（1）估计主要竞争对手酒店的客房出租率，然后计算各个细分市场租用客房间天数和各个竞争对手酒店在各个细分市场的竞争指数；（2）各个细分市场租用某一酒店客房间天数是用该酒店可供出租客房数乘365天，乘该酒店估计客房出租率，再乘各个细分市场租用客房间天数在整个市场租用客房间天数中所占的百分率进行计算的。各个细分市场租用每间客房间天数是用各个细分市场每年租用该酒店客房间天数除以该酒店可供出租的客房数求出的。

另一方面，应根据各个酒店的竞争力，将总需求量划分为各酒店需求量，主要是列出各酒店的竞争指数（每个座位每周接待顾客人数），计算出总竞争指数，根据该指数确定各酒店餐饮的合理市场份额，与实际市场份额进行比较，计算出拟建酒店每餐每周顾客人数。使用竞争指数，不仅可以判断拟建酒店可吸引多少顾客，而且可对顾客人次数和合理市场份额的顾客人数进行比较，当然，现有酒店的竞争指数是已知的，必须估计拟建酒店的竞争指数。

市场子系统模型如图 5-2 所示，模型主要方程有：

（01）需求增加量 = 市场总需求 * 预计复合增长率；

（02）预计复合增长率 = 休假市场增长权重 + 会议市场增长权重 + 商务市场增长权重；

（03）会议市场增长权重 = 会议市场占比 * 会议市场增长率；

（04）休假市场增长权重 = 休假市场占比 * 休假市场增长率；

（05）商务市场增长权重 = 商务市场占比 * 商务市场增长率；

（06）订房数 = 市场占有率 * 市场总需求；

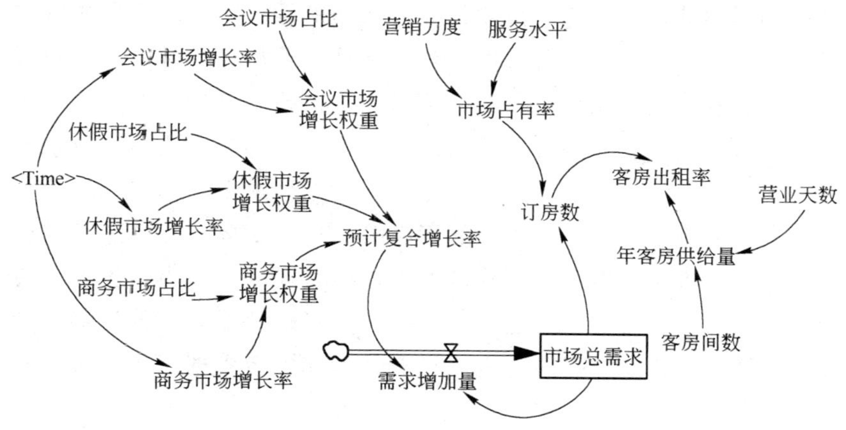

图 5-2　市场子系统模型

（07）客房出租率 = IF THEN ELSE（订房数/年客房供给量 < = 1，订房数/年客房供给量，1）；

（08）年客房供给量 = 客房间数 * 营业天数；

（09）市场总需求 = INTEG（需求增加量，市场总需求初始值）。

5.5.2 筹资投资子系统

酒店的资金筹集，绝不是多多益善、盲目的筹集。资金筹集过多，往往会影响资金的利用效果，甚至造成积压、闲置、浪费和成本费用加大。资金筹集过少，又会影响酒店经营服务活动和投资项目的正常进行。因此，酒店筹集资金应以满足经营与投资的最低需要为依据。这个最低需要，一方面是指建立在经济效益高，而且是投资项目十分必要的基础上所需要的资金；另一方面是指建立在充分利用酒店现有资金基础上所需要的资金。否则，必然会造成新的更大的浪费。

资金筹措包括资金筹集和资金运用两个方面，即筹资和投资。前者主要是筹资渠道的选择和落实，后者主要是对资金的分配和运用。资金筹集不当或资金运用不合理都有可能导致项目建设工期延误，从而影响整个运营过程及项目经济效果，而且能否筹集到项目所需的足够数量的资金，是项目能否实施的重要因素和必要条件之一。因此，资金筹措是可行性研究的一项重要内容。投资按投资形态可分为静态投资和动态投资两部分。静态投资部分主要由建筑工程费、设备及工器具购置费等组成，动态投资部分主要由建设期利息构成。

酒店的固定资产一般占全部资产的70% ~85% 。近年来，酒店业趋向于追求豪华舒适，固定资产投资越来越大。酒店的资金周转率一般都低于别的行业，它的巨额投资要经过长期的经营活动才能逐渐收回。因此，做好固定资产投资计划和资金管理工作，对于酒店业具有重要的意义。在模型中，自有资金投入计划和固定资产投入计划通过表函数来表示。

筹资投资子系统模型如图 5-3 所示，模型主要方程有：

（01）固定资产投入 = 酒店固定资产投入计划（Time）；

（02）自有资金投入 = 酒店自有资金投入计划（Time）；

（03）每年贷款额 = 固定资产投入 - 自有资金投入；

（04）总投资 = 固定资产投入 + 建设期利息 + 流动资金；

（05）建设期利息 = 当年贷款利息 + 累计贷款利息；

（06）当年贷款利息 = 0.5 * 每年贷款额 * 利率；

（07）累计贷款 = INTEG（订房数/年客房供给量 < =1，订房数/年客房供给量，1）；

（08）每年还款额 = IF THEN ELSE（累计贷款 > 折旧额 + 利润还贷额，折旧额 + 利润还贷额，IF THEN ELSE（累计贷款 < =0，0，累计贷款））；

（09）生产期固定资产贷款利息 = IF THEN ELSE（Time >1，累计贷款 * 利率，0）；

（10）利润还贷额 = IF THEN ELSE（税后利润 >0，税后利润，0）。

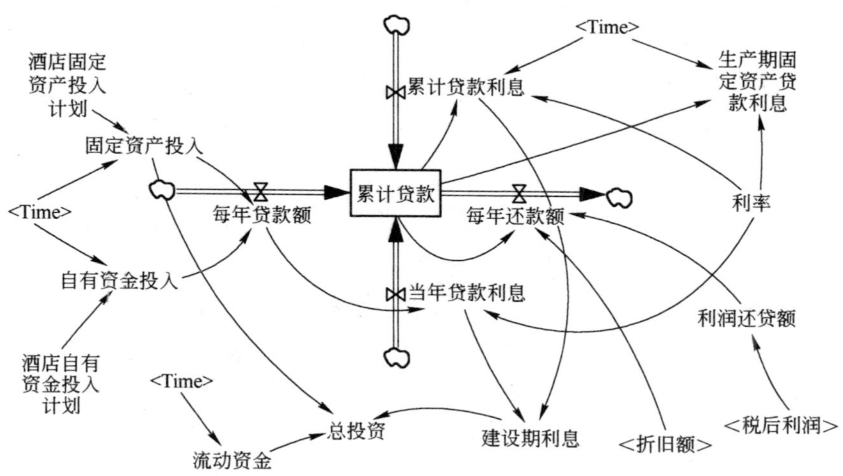

图 5-3 筹资投资子系统模型

5.5.3 收入子系统

酒店的收入主要取决于酒店产品——客房和餐饮，此外还包括一部分租金和其他收入，如电话营业收入、租金收入、洗衣房洗涤收入、娱乐活动设施的净收入等，它们约占客房营业收入的5%。客房收入主要由年平均房价、年客房供给量、客房出租率决定。年平均房价按酒店的规模来估计，因为存在通货膨胀率，往后逐年递增。

住店总人数可用客房出租数乘上每间客房平均住客数，客房出租数由年客房供给量乘以客房出租率得出。各个细分市场的住房率不同，因此应根据拟建酒店预计顾客构成情况，计算出三个细分市场（商务市场、会议市场、休假市场）的每间客房平均住客数（间客数），三者相加即可计算出拟建酒店每间客房的平均住客数。餐饮收入主要有两类顾客来源：住店旅客和当地顾客。大多数住店旅客在酒店餐厅吃早餐和晚餐，但一般不在酒店吃午餐。根据累计酒店的经营统计数据和附近酒店竞争实力，可得出早、中、晚就餐的住店旅客百分比率，由此得出就餐总人数，再将其乘以人均消费即为住店旅客餐饮收入。另外，当地顾客餐饮收入取决于当地顾客人数与旅客人数之比，这一比例可根据市场调查得出。

收入子系统模型如图5-4所示，模型主要方程有：

（01）营业收入 = IF THEN ELSE（Time > = 1，客房收入 + 租金和其他收入 + 餐饮收入，0）；

（02）餐饮收入 = 住店旅客餐饮收入 + 当地顾客餐饮收入；

（03）客房收入 = 年平均房价 * 客房出租数；

（04）客房出租数 = 客房出租率 * 年客房供给量；

（05）每间客房平均住客数 = 休假市场加权间客数 + 会议市场加权间客数 + 商务市场加权间客数；

（06）每餐就餐人数 = 住店总人数 *（午餐旅客百分比 + 早餐旅客百分比 + 晚餐旅客百分比）；

（07）住店总人数 = 每间客房平均住客数 * 客房出租数；

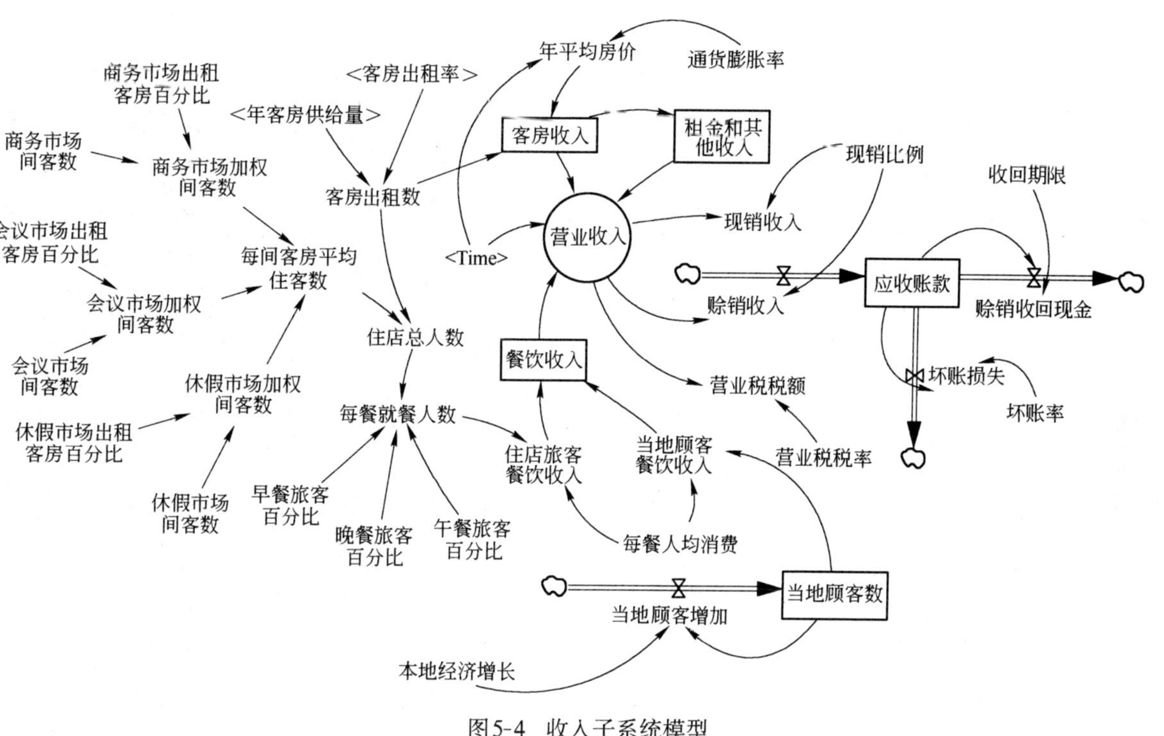

图 5-4　收入子系统模型

（08）住店旅客餐饮收入 = 每餐人均消费 * 每餐就餐人数；

（09）当地顾客数 = INTEG（当地顾客增加，当地顾客数初始值）；

（10）营业税税额 = 营业收入 * 营业税税率；

（11）应收账款 = INTEG（赊销收入 - 坏账损失 - 赊销收回现金，应收账款初始值）；

（12）赊销收入 =（1 -现销比例）* 营业收入；

（13）赊销收回现金 = 应收账款/收回期限；

（14）坏账损失 = 应收账款 * 坏账率。

5.5.4 成本子系统

酒店营业总成本主要由固定成本和可变成本两部分构成，固定成本中包括折旧费、维修费用（约占年折旧额 2%）、职工工资及福利费、办公费（约占营业收入的 1%）、空调费和其他固定支出（约占营业收入的 3%）、市场营销费用（约占营业收入的 2%）、管理和总务费用（约占营业收入的 7%）。虽然大多数维修费用是固定费用，但新酒店在刚开始经营的一段时间内新购买的设备是由厂家保修的。随着酒店的老化，无论客房出租率的高低，大多数酒店的维修费用不断增加。根据历史经验统计，维修费用每年以 0.2% 递增。

计算固定资产折旧额，除考虑固定资产的原始价值和使用年限这两个主要因素以外，还需要考虑在报废清理时可能发生的残余价值。计算公式如下：

$$\text{固定资产的年折旧额} = \frac{\text{固定资产原值} - \text{预计残值}}{\text{预计使用年限}}$$

另外，可变成本主要由客房营业费用、餐饮营业费用和营业税金及附加组成。由于餐饮和客房的营业费用由食品成本、饮料成本、厨房燃料、佣金、定约清洗、玻璃器皿和物料用品、洗衣和干洗、预订费用等繁杂的费用组成，而用系统动力学来建立模型的目的是为了从总体上把握和控制现金流量，因此，在建模过程中为了简化计算，将客房与餐饮的营业费用，根据以往经验按各自收入的百分比计算，营业税金和附加约为营业收入的5%。

成本子系统模型如图5-5所示，模型主要方程有：

（01）固定资产 = INTEG（固定资产投入 + 建设期利息 - 折旧额，固定资产初始值）；

（02）折旧额 = （固定资产 - 残值）/预计使用年限；

（03）总成本费用 = IF THEN ELSE（Time > =1，可变成本 + 固定成本，0）；

（04）可变成本 = 客房营业费用 + 营业税金及附加 + 餐饮营业费用 + 生产期固定资产贷款利息 + 流动资金贷款利息；

（05）流动资金贷款利息 = 流动利率 * 流动资金；

（06）固定成本 = 市场营销费用 + 折旧额 + 中央空调费及其他固定支出 + 管理和总务费用 + 维修费用 + 职工工资及福利费；

（07）维修费用 = 折旧额 * 0.02 *（1 + 维修费用率增长率）；

（08）职工工资及福利费 = 人工工资 * 职工人数。

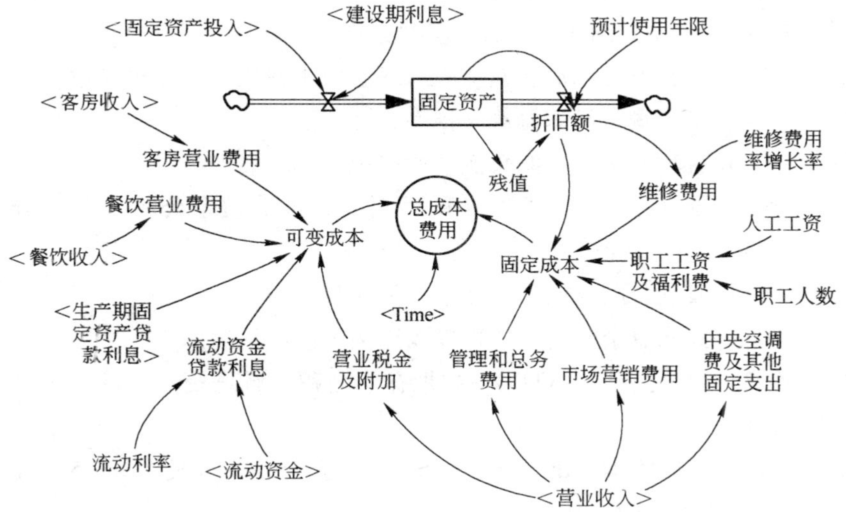

图5-5 成本子系统模型

5.5.5 利润子系统

利润额是表现酒店在一定时期内取得的利润总额的指标。通过利润额指标可以综合反映酒店经营活动的经济效果，考核酒店利润预算的完成情况，并据以确定酒店以所得税等形式为国家提供的资金积累数额以及酒店税后利润的分配数额。酒店利润的大小或亏损的多少，不仅能综合反映出酒店经营活动财务成果的好坏，衡量酒店经营活动的经济效果，而且还能在很大程度上反映酒店“双增双节”的情况和经营管理工作的水平。

利润总额主要是根据主营业务利润减去借款利息得到的，主营业务利润为营业收入减去总成本费用以及营业税金和附加。利润总额扣除所得税即为税后利润，有罚款的先缴纳罚款，之后弥补酒店以前年度的亏损，接着按照税后利润扣除前两项后的10%提取法定盈余公积金（当公积金达到注册资金的50%时可不再提取，或转增资本），最后经董事会讨论决定，按照投资者的股权比例向投资者分配利润。

利润子系统模型如图5-6所示，模型主要方程有：

（01）主营业务利润 = 营业收入 - 总成本费用 - 营业税税额；

（02）所得税 = 利润总额 * 税率；

（03）税后利润 = 利润总额 - 所得税；

（04）留存收益 = INTEG（税后利润 - 提取盈余公积 - 股利分配，留存收益初始值）；

（05）股利分配 = 股利分配率 * 留存收益；

（06）提取盈余公积 = 公积提取比例 * 税后利润；

（07）盈余公积 = INTEG（提取盈余公积 - 转增资本，盈余公积初始值）；

（08）转增资本 = IF THEN ELSE（ 盈余公积 > = 股本 * 0.5，盈余公积 - 股本 * 0.5，0 ）；

（09）股本 = INTEG（转增资本，股本初始值）；

（10）股利分配率 = IF THEN ELSE (Time > =5, 0.1, 0)。

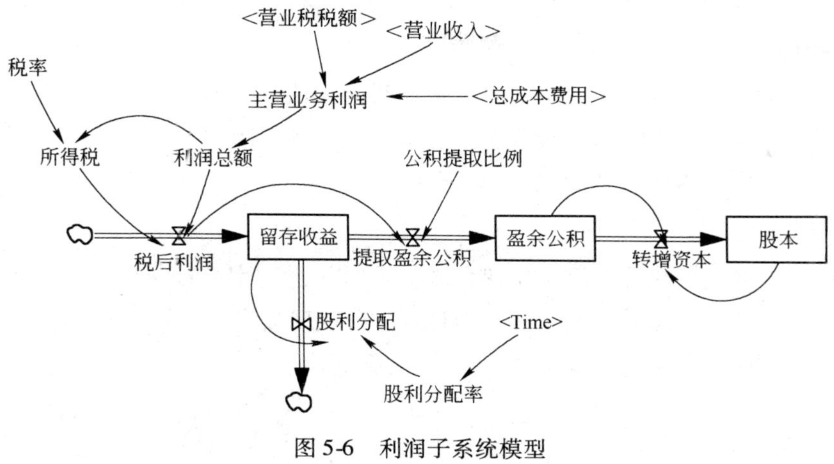

图 5-6 利润子系统模型

5.5.6 现金流量子系统

现金流量反映了酒店在一定的经营期间，现金和现金等价物的流入和流出情况。根据酒店性质，一般现金流量分为经营活动产生的现金流量、投资活动产生的现金流量、筹资活动产生的现金流量。

筹资活动是指酒店在投资前期对自身资本和债务规模的确定，即确定酒店的资本结构组成。通过筹资活动产生的现金流主要体现在累计贷款以及股本上，另外一小部分体现在大概占筹集资金 0.5% 左右的手续费、评估费等筹资费用上。

投资阶段主要体现为酒店现金流出，包括对固定资产的投入构建。这个时期可以反映酒店规模大小以及之后现金流的发展趋势，并判断它的获利能力。

经营活动产生的现金流出项目主要表现在客房收入、餐饮收入、租金和其他收入上。现金流出部分在之前的成本子系统中已经详细介绍，在此不再赘述。

现金流量子系统如图 5-7 所示，模型主要方程有：

（01）经营现金流入=现销收入+赊销收回现金；

（02）经营现金流出=总成本费用-折旧额+所得税+营业税税额；

（03）投资现金流出=固定资产投入+流动资金；

（04）现金流出=投资现金流出+经营现金流出；

（05）累计净现金流量=INTEG（现金流入-现金流出，初始值）；

（06）折现现金流=净现金流量/（1+折现率）^Time；

（07）净现值（*NPV*）=INTEG（折现现金流，初始值）；

（08）净现金流量=现金流入-现金流出。

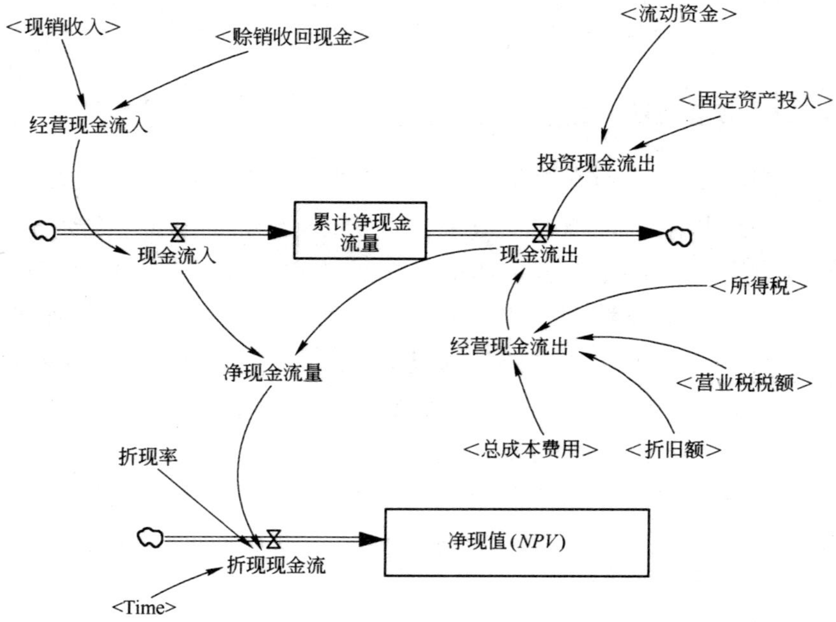

图 5-7　现金流量子系统模型

系统动力学在酒店投资项目评价中的应用

* *

6.1 JA酒店的基本情况简介

基于第5章所建立的酒店项目投资仿真模型各子系统，本章将通过整合各子系统模型，构造完整的酒店项目投资决策模型。本章以国内某酒店投资为例，将实际有关数据导入运营模型，并在此基础上不断优化模型中的相关参数，通过历史经营数据与仿真结果进行比较，最后得出优化的运营仿真模型。模型的上机仿真结果最后归集到相关的财务经营指标和运营管理指标上，并结合仿真起点实际状况做出该酒店投资建设期至经营期未来20年的财务状况预测。

某市现有酒店37家，其中星级酒店15家，未评星级的酒店有22家。在这37家酒店中，处于市区范围的有14家，其中已评星级的有5家。市区酒店目前普遍的情况是，硬件水平较差，而条件较好。档次较高的酒店大部分坐落在风景区内。

JA酒店项目位于该市区中心位置，周围属于居民区，在原宾馆旧楼基础上进行改建。本项目的实施实现了公司业务的多元拓展，利用项目所在地城市的旅游资源谋求获利空间，有助于公司的持续发展，提高公司整体竞争力。

该项目在保留原有房间框架结构的基础上，按照四星级酒店标准进行改建，在原有宾馆基础上提供完备充足的基础设施条件，装修完后投入运营。改建资金来源于银行贷款和自有资金两部分，酒店建成后提供以住宿、餐饮为主的服务。酒店正常的运转，需要聘请约 100 名员工，酒店定员一般按客房间数与人员 1∶1.4 的比例进行配置。

固定资产投资估算包括基建部分（购买旧宾馆需 4800 万元）和改建费用（需 1200 万元，包括中央空调、消防、冷热水处理、洗衣设备、电视、电话、光纤、宽带等），装修部分分为内装（670 万元）和外装（330 万元）。以上两项合计共需 7000 万元。该项目实施进度规划，项目建设期为 1 年。流动资本从开始营业按 100% 安排使用。

酒店的客源主要由以下三方面构成：

（1）团队旅游市场。由于旅游团人数较多，可以为酒店带来一次性大批量预定，另外与旅行社有合约关系，能给酒店带来连续的出租率。

（2）会议市场。各种各样的大小会议给酒店业带来了庞大的客源市场。这一新市场的兴起为许多酒店提供了重要的商机。目前世界上会议旅游兴旺发达，大型会议能给酒店提供客满的机会，而且会议时间分布在全年各个时间，接待此类客户，可弥补酒店淡季生意冷淡的状况。此类客户住宿时间也较其他顾客长而且价格高，加之与会人数众多，对食品等需求量也大，带动了餐饮的营业。除此之外，许多公司的会议如年会，往往都比较固定，与公司建立长期合作关系，有利于对客源进行预测和进行经营预算等。

（3）一般散客。散客是指一次性订房数量少于 10 间以下的客人。散客主要有以下几种类型：商务散客、个人旅游者、包价客人、优惠与折扣客人。

统计数据表明，全市 26 家主要酒店中，有 18 家将会议作为其主要的客源市场，达到了 69.1%。A 酒店位于市区中心位置，处于黄金地带，对占领这一市场具有优势，而且通过改建在客观上提升了酒店的档次。

6.2 模型基本模拟的假设及参数的估计

6.2.1 基本模拟的假设

在建立A酒店投资项目仿真模型的过程中，主要进行了以下几方面的系统性假设：

（1）酒店主要经营产品为客房与餐饮，其配套设施的收入暂不考虑康乐、桑拿等收入。资金的变化不受其他相关业务的影响。

（2）该酒店项目在保留原有房间框架结构的基础上，按照四星级酒店标准进行改建，装修完后投入运营，建设期只有一年。资金来源为银行贷款和自有资金两部分。

（3）为了简化流程，酒店的收入只计算主营业务收入，即客房收入和餐饮收入，其他如租金、电话收入等相关项目收入按客房收入的百分比来估算。

（4）为了简化模拟过程，对酒店员工中管理人员、服务人员等相关人员工资取平均值。

（5）建模的目的是为了从总体上把握和控制现金流量。在建模过程中为了方便计算，将客房与餐饮的营业费用，根据以往经验按各自收入的百分比计算，将营业税金和附加定为约营业收入的5%。

（6）股利分配项目自经营第5年开始分配。

（7）由于客房房价受旺淡季影响有波动，故在模型中取平均值来计算。

（8）酒店投资项目暂不考虑对外投资项目。

（9）一年当中营业天数按360天计。

（10）本模型以2008年度资料为模拟初始值，模拟期间为20年。

6.2.2 基本模拟参数的估计

在建立了酒店投资项目的系统动力学仿真模型之后，在进行计算机仿真之前，需要确定模型中相关的参数，这些参数包括常量、表函数，流位变量的初值。通过对当地酒店的调查，搜集所需的数据资料，在往年的统计数据基础上，运用统计方法等数学方法对模型中的参数进行定量。其中部分的参数是根据调研收集来的，部分则是通过模拟试验来决定的。在参数取值的变化范围内，先对其进行模型的调试及再修改，取无显著变化时的参数值。

6.2.2.1 常量参数

在模型中，部分随时间变化不是很显著的参数，可将它们近似为常数值。主要常量参数取值如表 6-1 所示。

表 6-1 主要常量参数取值

变量名	变量值	单位
商务市场间客数	1.2	Dmnl
会议市场间客数	1.5	Dmnl
休假市场间客数	2.2	Dmnl
通货膨胀率	0.03	Dmnl
早餐旅客百分比	0.8	Dmnl
中餐旅客百分比	0.3	Dmnl
晚餐旅客百分比	0.2	Dmnl
本地经济增长	0.07	Dmnl
营业税税率	0.06	Dmnl
现销比例	0.75	1/Year
收回期限	1	Year
坏账率	0.05	Dmnl
商务市场出租客房百分比	0.57	Dmnl
会议市场出租客房百分比	0.32	Dmnl
休假市场出租客房百分比	0.11	Dmnl
会议市场占比	0.65	Dmnl
休假市场占比	0.2	Dmnl

续表 6-1

变量名	变量值	单位
商务市场占比	0.15	Dmnl
营业天数	360	天
客房间数	300	间
利率	0.05	Dmnl
预计使用年限	20	Year
维修费用率增长率	0.002	Dmnl
职工人数	100	人
税率	0.24	Dmnl
公积提取比例	0.1	Dmnl
股利分配率	0.1	Dmnl
折现率	0.1	Dmnl

6.2.2.2 表函数

表函数作为系统动力学的一个重要工具，可以有效地解决变量之间非线性关系的问题，它主要依照以下原则确定：

（1）根据酒店实际背景和获得数据的难易程度及灵敏度、精确度的要求确定自变量变化范围及取值范围。

（2）建立表函数时大致要考虑曲线的斜率与形状，要以一个或一个以上的特殊点作参考。

（3）设置曲线的斜率，使之与其所表示的影响的性质相吻合，负值斜率代表负反馈，正值斜率代表正反馈。

（4）选择曲线的形状。小心确定在极端条件下曲线中部的斜率与曲率的值。曲线趋于平坦的部分对应于影响减弱与饱和的情况，而陡急升降的部分对应于影响与效应增强的情况。

A 固定资产投资计划

考虑到投资项目的前期建设，需要考虑固定资产投资计划，由于本项目为改建项目，建设期只有一年，表函数表现较简单，但不影响应用，如图 6-1 所示。

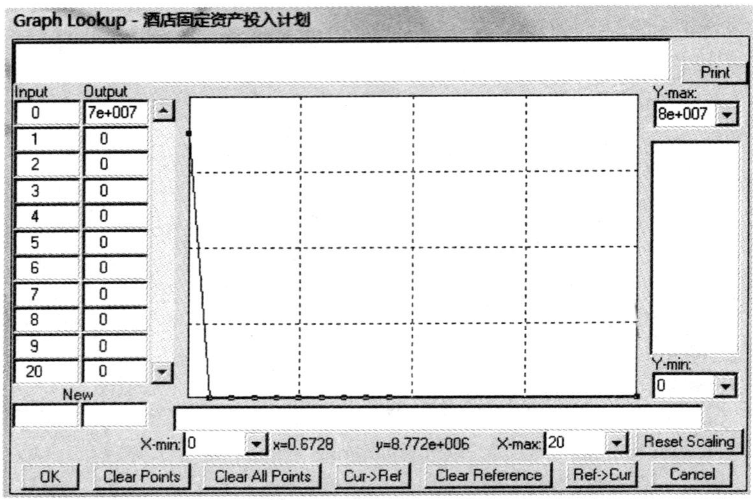

图 6-1　固定资产投资表函数

[(0, 0) - (20, 8e+007)], (0, 7e+007),
(1, 0), (2, 0), (3, 0), (4, 0), (5, 0), (6, 0),
(7, 0), (8, 0), (9, 0), (20, 0)

B　自有资金投资计划

固定资产投资资金来源分为两部分，一部分为银行借款，一部分为自有资金，其中自有资金部分也用表函数表现出来。

[(0, 0) - (20, 2e+007)], (0, 1.2e+007),
(1, 0), (2, 0), (3, 0), (4, 0), (5, 0),
(6, 0), (7, 0), (8, 0), (9, 0), (20, 0)

6.3　模型的有效性检验

对于建立的系统动力学模型，可以通过系统单位一致性检验和系统边界分析来检验所建立模型的有效性。系统动力学有效性检验的目的在于增强模型稳定性和有用性的信息，使其能成为政策设计的工具。

（1）单位一致性检验。在 Vensim 软件中，有一项 check model 的功能，能够检验模型的错误。当模型不正确时，系统会提示该模型有误，无法进行仿真运行，并提示产生错误的原因。

（2）系统的边界检验。主要是检查模型的结构是否满足目的。模型的边界必须适当，边界范围太大可能会模糊建模的主要目的，而太小则可能忽略问题的关键。本章主要研究酒店投资项目的经济评价，模型中的变量包括从市场研究到筹投资、收入成本因素等财务中所涉及的一系列因素，与现实中酒店投资项目遇到的问题相对应，因此可以认为所构造模型的边界合理。

6.4 模型的仿真运行及分析

系统动力学模型较为突出的优点就是它能够运用仿真模拟的手段来预测系统行为。模型的模拟即是在模型正式使用之前，通过初始条件的设定来观察整个系统是否处于平衡状态，决策者可以根据决策需要调整变量的状态，系统动力学方法就能够针对性地改变仿真的状态，因此而产生不同的系统行为结果。根据 JA 酒店 2008 年的一些初始资料以及模型中一系列模型和参数的设置，可对其进行仿真分析和预测。

（1）市场需求量模拟曲线：市场总需求模拟图如图 6-2 所示。

（2）收入、成本模拟曲线：收入、成本模拟图如图 6-3 ~ 图 6-6 所示。

从图 6-3 ~ 图 6-6 中可以看出，营业收入中的餐饮收入和客房收入预测的变化趋势与市场需求的预测曲线趋势是一致的。随着需求量的加大，收入和成本也随之增加。

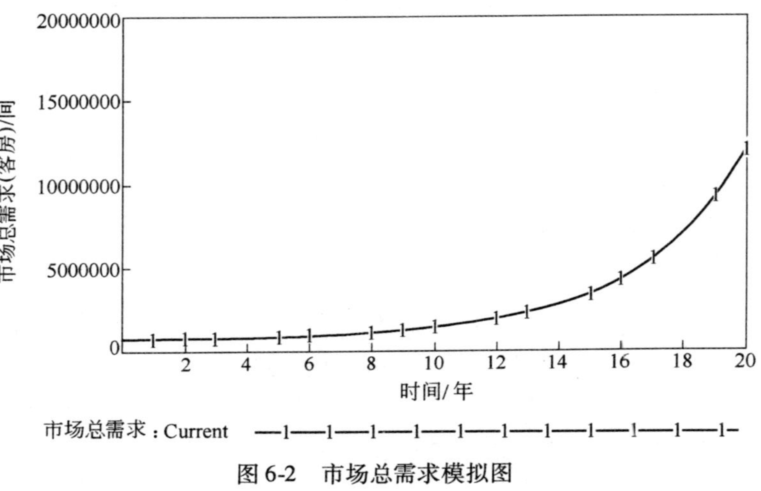

图 6-2 市场总需求模拟图

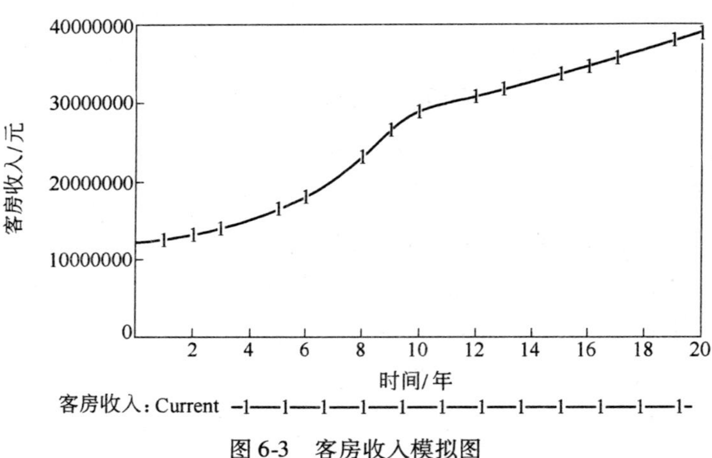

图 6-3 客房收入模拟图

（3）税后利润和净现值模拟曲线：税后利润模拟图及净现值模拟图分别如图 6-7 和图 6-8 所示。

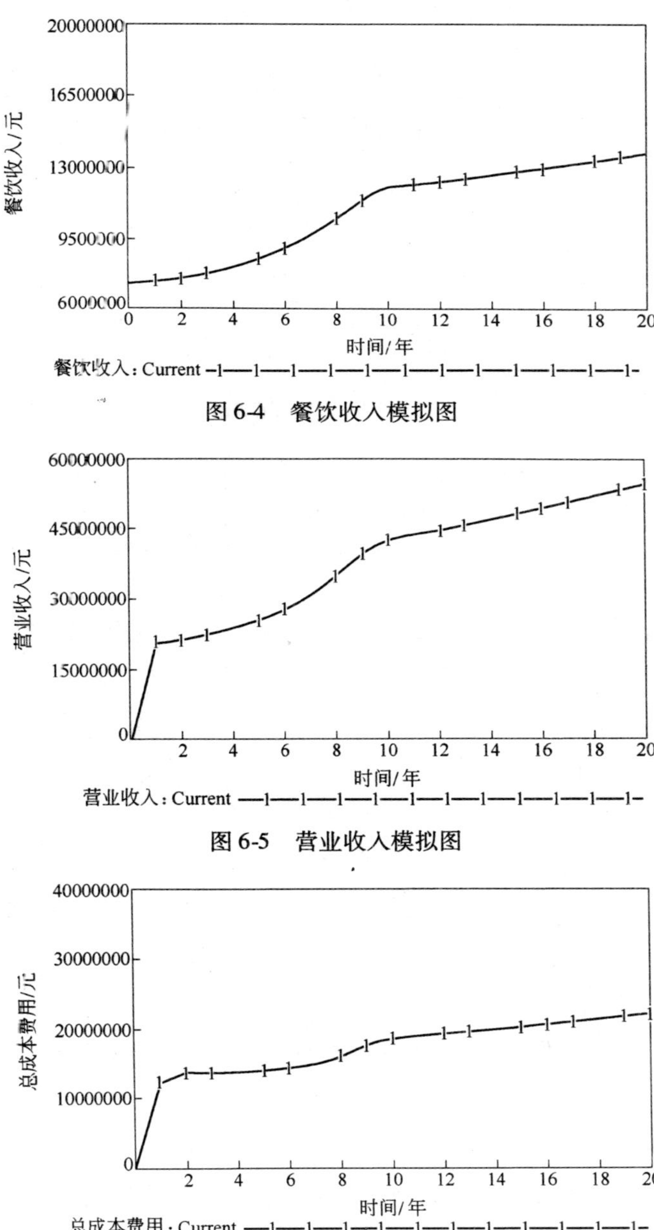

图 6-4 餐饮收入模拟图

图 6-5 营业收入模拟图

图 6-6 总成本费用模拟图

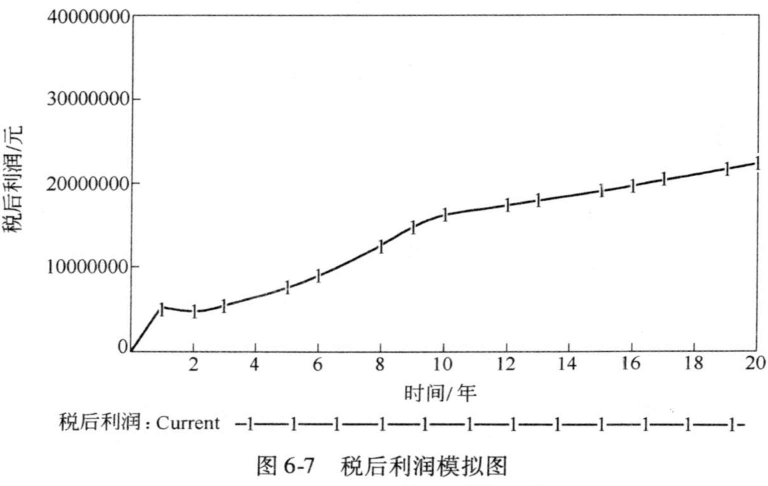

图 6-7 税后利润模拟图

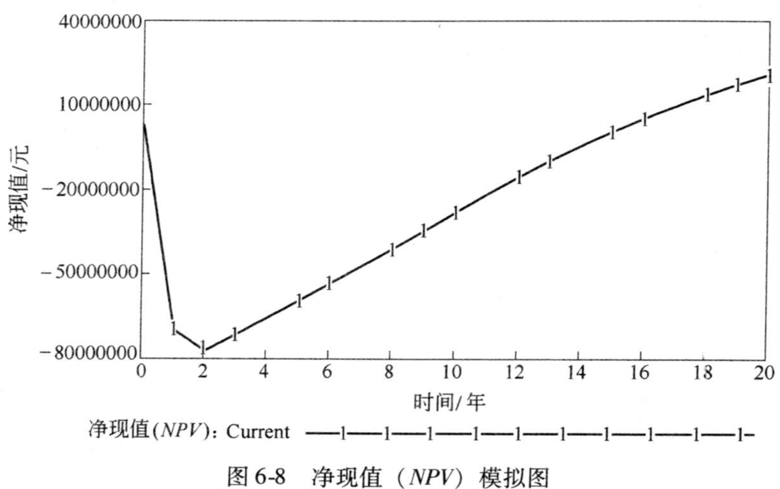

图 6-8 净现值（NPV）模拟图

（4）基本模拟产生的利润表：利润及利润分配表见表 6-2。

（5）基本模拟产生的现金流量表：现金流量表见表 6-3。

表 6-2 利润及利润分配表 单位：万元

序号	项目＼年份	建设期	经营期								
		1	2	3	4	5	6	7	8	9	10
	营运能力（100%）	0	100	100	100	100	100	100	100	100	100
1	营业收入	0.00	2050.94	2126.85	2233.48	2375.36	2558.95	2793.09	3089.80	3465.34	3941.76
2	营业税金及附加	0.00	123.06	127.61	134.01	142.52	153.54	167.59	185.39	207.92	236.51
3	总成本费用		1228.28	1384.23	1378.77	1384.29	1402.33	1435.15	1485.96	1598.49	1761.31
4	利润总额		699.60	615.02	720.70	848.55	1003.08	1190.35	1418.45	1658.94	1943.94
5	所得税		167.90	147.60	172.97	203.65	240.74	285.69	340.43	398.15	466.55
6	税后利润		531.69	467.41	547.73	644.90	762.34	904.67	1078.02	1260.79	1477.39
7	可供分配利润		531.69	467.41	547.73	644.90	762.34	904.67	1078.02	1260.79	1477.39
8	盈余公积		53.17	46.74	54.77	64.49	76.23	90.47	107.80	126.08	147.74
9	股利分配		0.00	0.00	0.00	0.00	197.26	246.14	302.95	369.68	446.18
10	未分配利润		478.52	420.67	492.96	580.41	488.85	568.06	667.27	765.04	883.47
11	累计未分配利润		478.52	899.19	1392.15	1972.56	2461.41	3029.47	3696.74	4461.78	5345.25

序号	项目＼年份	经营期									
		11	12	13	14	15	16	17	18	19	20
	营运能力（100%）	100	100	100	100	100	100	100	100	100	100
1	营业收入	4249.67	4355.50	4464.58	4577.01	4692.88	4812.31	4935.40	5062.27	5193.04	5327.81
2	营业税金及附加	254.98	261.33	267.88	274.62	281.57	288.74	296.12	303.74	311.58	319.67
3	总成本费用	1862.04	1889.07	1917.68	1947.88	1979.70	2013.16	2048.27	2085.06	2123.55	2163.78
4	利润总额	2132.65	2205.10	2279.03	2354.50	2431.60	2510.41	2591.01	2673.48	2757.90	2844.36
5	所得税	511.84	529.23	546.97	565.08	583.59	602.50	621.84	641.64	661.90	682.65
6	税后利润	1620.81	1675.88	1732.06	1789.42	1848.02	1907.91	1969.17	2031.84	2096.01	2161.72
7	可供分配利润	1620.81	1675.88	1732.06	1789.42	1848.02	1907.91	1969.17	2031.84	2096.01	2161.72
8	盈余公积	162.08	167.59	173.21	178.94	184.80	190.79	196.92	203.18	209.60	216.17
9	股利分配	534.53	626.95	715.08	799.46	880.56	958.83	1034.66	1108.42	1180.44	1251.04
10	未分配利润	924.20	881.35	843.77	811.02	782.66	758.29	737.59	720.24	705.97	694.51
11	累计未分配利润	6269.46	7150.80	7994.57	8805.59	9588.25	10346.54	11084.14	11804.37	12510.34	13204.85

表 6-3 现金流量表 单位：万元

序号	项目 \ 年份	建设期	经营期								
		1	2	3	4	5	6	7	8	9	10
	营运能力（100%）	0	100	100	100	100	100	100	100	100	100
1	现金流入	0.00	2050.94	2126.85	2233.48	2375.36	2558.95	2793.09	3089.80	3465.34	3941.76
1.1	营业收入		2050.94	2126.85	2233.48	2375.36	2558.95	2793.09	3089.80	3465.34	3941.76
1.2	回收流动资金										
2	现金流出	8200.00	1519.24	1659.45	1685.75	1730.46	1796.61	1888.42	2011.78	2204.56	2464.36
2.1	固定资产投资	7000.00									
2.2	流动资金	1200.00									
2.3	经营成本		1228.28	1384.23	1378.77	1384.29	1402.33	1435.15	1485.96	1598.49	1761.31
2.4	销售税金及附加		123.06	127.61	134.01	142.52	153.54	167.59	185.39	207.92	236.51
2.5	所得税		167.90	147.60	172.97	203.65	240.74	285.69	340.43	398.15	466.55
3	净现金流量	-8200.00	531.70	467.41	547.73	644.90	762.34	904.67	1078.02	1260.78	1477.40
4	累计净现金流量	-8200.00	-7668.30	-7200.89	-6653.16	-6008.27	-5245.92	-4341.25	-3263.23	-2002.44	-525.04

序号	项目 \ 年份	经营期									
		11	12	13	14	15	16	17	18	19	20
	营运能力（100%）	100	100	100	100	100	100	100	100	100	100
1	现金流入	4249.67	4355.50	4464.58	4577.01	4692.88	4812.31	4935.40	5062.27	5193.04	5327.81
1.1	营业收入	4249.67	4355.50	4464.58	4577.01	4692.88	4812.31	4935.40	5062.27	5193.04	5327.81
1.2	回收流动资金										1200.00
2	现金流出	2628.86	2679.63	2732.52	2787.58	2844.86	2904.40	2966.24	3030.43	3097.03	3166.10
2.1	固定资产投资										
2.2	流动资金										
2.3	经营成本	1862.04	1889.07	1917.68	1947.88	1979.70	2013.16	2048.27	2085.06	2123.55	2163.78
2.4	销售税金及附加	254.98	261.33	267.88	274.62	281.57	288.74	296.12	303.74	311.58	319.67
2.5	所得税	511.84	529.23	546.97	565.08	583.59	602.50	621.84	641.64	661.90	682.65
3	净现金流量	1620.81	1675.88	1732.06	1789.43	1848.02	1907.91	1969.16	2031.84	2096.01	2161.71
4	累计净现金流量	1095.77	2771.65	4503.70	6293.13	8141.16	10049.07	12018.23	14050.07	16146.08	18307.79

6.5 项目财务评价

6.5.1 盈利能力分析

从表 6-3 所示计算得到的财务评价指标看，JA 酒店营业后，年利润情况如下（生产期平均，参照表 6-2 得出）：

利润总额：2844.36 万元

所得税：682.65 万元

税后利润：2161.72 万元

提取法定盈余公积金（按税后利润 10% 提取）：216.17 万元

各项财务指标如表 6-4 所示。

表 6-4 财务指标

指 标	平均投资利润率	净现值内部收益率	静态投资回收期
所得税后	26.36%	13%	11 年

根据本项目的计算结果，各项经济指标较好，因而从经济效果上是可行的。JA 酒店项目计划在 2010 年 3 月 1 日前完工。从表 6-4 中可以看出，本项目的投资回收期为 10 年，即项目计划将在第 11 年后收回投资，开始盈利。

6.5.2 敏感性分析及建议

模型的运行是在多个参数的不同组合下进行的，每个参数对于特定系统运行考察指标所表现出来的敏感度也是不一样的。因此，对于那些影响系统考察参数变化弹性比较高的参数，将之视为敏感性参数，需要进行调试研究。相对的，对于敏感度较低的参数，对其进行简化处理。本模型我们可以挑选一下几个参数进行调试。

本模型针对人均消费和房价两个主要因素，对项目全部投资所得税前财务内部收益率进行单因素敏感性分析，取变化率为 10%，计算结果如下：

（1）人均消费（±10%）：人均消费的计算结果见表 6-5 及图 6-9、图 6-10。

表 6-5 人均消费敏感性分析表

项　目	人均消费（+10%）	人均消费（-10%）
内部收益率/%	13.3	12.7
税后利润/万元	2199.49	2123.94
净现值（NPV）/万元	2003.41	1598.07

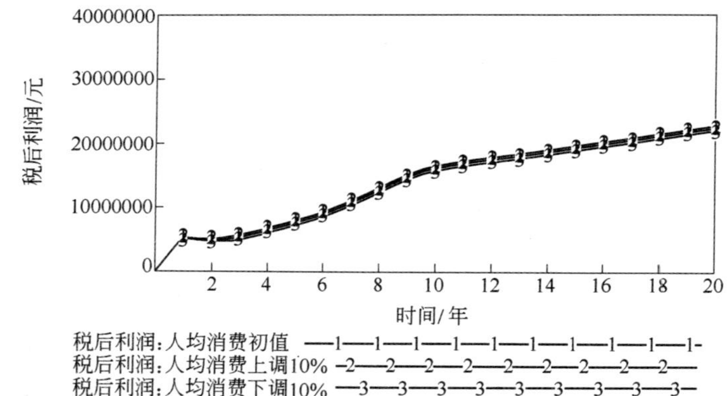

图 6-9 人均消费对税后利润灵敏度分析效果图

（2）房价（±10%）：计算结果见表 6-6 及图 6-11、图 6-12。

表 6-6 房价敏感性分析表

项　目	房价（+10%）	房价（-10%）
内部收益率/%	14.1	11.9
税后利润/万元	2351.71	1971.72
净现值（NPV）/万元	2624.13	1306.32

从以上分析可知，项目总体盈利能力强；由指标分析得到，房价是影响项目收益较敏感的因素，定价是否合适往往直接关系到该

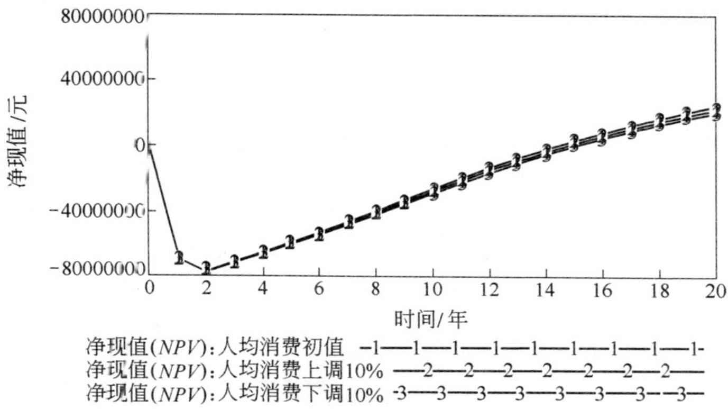

图 6-10 人均消费对净现值灵敏度分析效果图

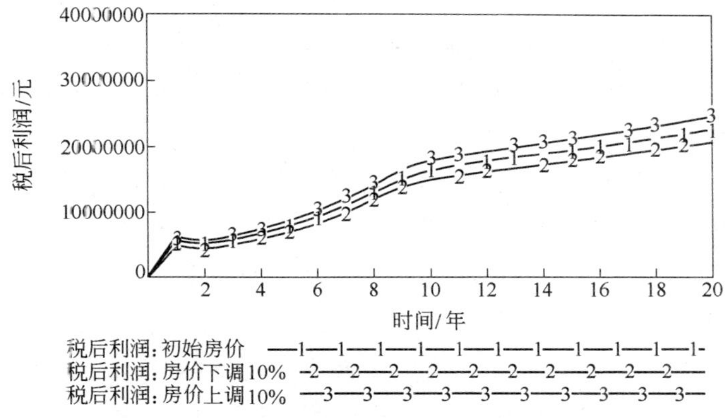

图 6-11 房价对税后利润灵敏度分析效果图

酒店在市场中的竞争地位及营业收入。JA 酒店在制订经营计划时必须全面考虑价格这个因素，做出适当的定价决策，使之与产品、促销及分销决策相配合，为本酒店赢得竞争优势。

在现实的市场条件下，产品市场价格的形成最终受到供给和需求的影响。JA 酒店希望通过客房某一价格水平达到酒店的目标收益，而酒店的顾客则希望以一定量货币的支付来获得 JA 酒店客房的最大效用。客房价格的变动对买卖双方均直接产生作用，一方面直

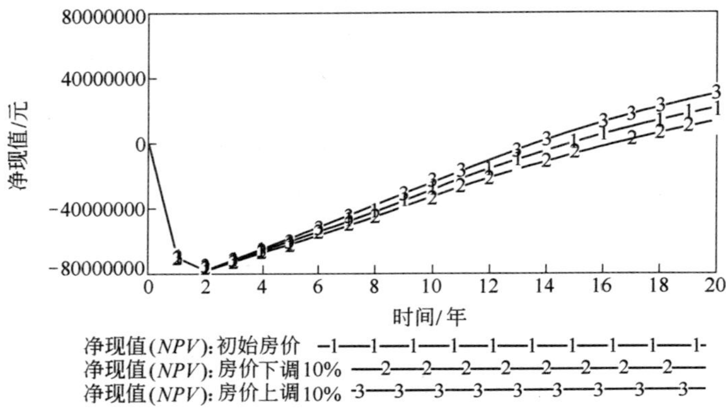

图 6-12 房价对净现值灵敏度分析效果图

接影响消费者的需求及购买行为，另一方面对客房的销售和利润产生直接影响。对JA酒店来说，能否制定一个合理、有效的价格是JA酒店能否在市场竞争中取胜的关键所在。所以必须加强市场调研，做好客房定价工作。

其中，JA酒店可利用客房差价和客房折扣价两种特殊的价格类型进行调节。客房差价是酒店因为季节、时间、顾客的不同而引起的有一定差额的客房价格。对于酒店客房的需求在不同季节可能存在很大差异，差价就是利用价格来调节供求关系。JA酒店的客源是来自全国各地的游客，因此酒店应该注意在旅游淡、旺季进行客房价格的调整，以达到刺激需求，扩大销售的目的。折扣价（优惠价）是指在明码公布的价格基础上，给予顾客一定比例的折扣或其他优惠条件的价格，其主要可在以下三方面表现：一是根据顾客购买数量的多少实行优惠，JA酒店对接待的旅游团可以给予团队优惠价，也就是团队折扣；二是给予特殊的市场群体如同行业者、退休人员、儿童的优惠，也就是说JA酒店能通过这一手段建立良好的社会信誉，对同行业者以及社会弱势全体优惠，能带来良好的社会效益；三是JA酒店在举行促销活动时也可以把价格折扣作为主要手段。此外，酒店折扣价也是争取市场，应付竞争的有力手段，便于同客户建立并保持长期良好的关系，这也是服务业市场营销取得成功的关键。JA 酒店如果能恰当地运用优惠价这一营销工具，不仅能在市场中取得一定的市场份额，并保持稳定的市场份额，稳定市场销售，而且能通过它与客户建立良好的关系，从而获得有利于企业的口头宣传效果，更重要的是通过对社会弱势群体的优惠，在市场中建立良好的社会信誉，有利于 JA 酒店在当地的长期发展。

参考文献

[1] 万威武，刘新梅，孙卫．可行性研究与项目评价［M］.2 版．西安：西安交通大学出版社，2008：64～74，219～238.

[2] 何亚伯，张海涛，杨海红．工程经济学［M］．北京：机械工业出版社，47～93，126.

[3] 钟光永，钱颖，于庆东，杜文泉．系统动力学在国内外的发展历程与未来发展方向［J］．河南科技大学学报（自然科学版），2006，27（4）：101～105.

[4] 谢英亮，等．系统动力学在财务管理中的运用［M］．北京：冶金工业出版社，2008.

[5] 谢英亮，等．浅谈高校现金流管理中系统动态仿真模型的应用［J］．财会通讯，2010（05）．

[6] 谢英亮，等．高校现金流因果关系反馈分析探讨［J］．财会通讯，2010（08）．

[7] 谢林海．基于系统动力学的企业财务预测模型研究与应用［D］．赣州：江西理工大学，2006.

[8] 谢英亮．基于系统动力学的大型企业人力资源规划［J］．改革与战略，2007.

[9] 王其藩．系统动力学［M］．北京：清华大学出版社，1994.

[10] 陈明忠．水资源评价理论与方法［D］．南京：河海大学，2005.

[11] 徐海霞．系统动力学在项目投融资决策中的应用［J］．企业导报，2009（6）．

[12] 谭冰雁．基于系统动力学的投资项目财务评价研究［J］．企业导报，2010（6）．

[13] 徐海霞．基于系统动力学的铝型材项目经济评价［D］．赣州：江西理工大学，2009.

[14] 徐华巍．基于系统动力学的酒店投资项目经济评价［D］．赣州：江西理工大学，2009.

[15] 刘奕．铁路干线建设项目社会经济效益定量化 SD 模型研究［J］．交通运输系统工程与信息，2007（4）．

[16] 苏文清．中国稀土产业经济分析与政策研究［M］．北京：中国财政经济出版社，2009.

[17] 宋洪芳，洪梅．我国稀土产业现状分析及预测（下）［J］．稀土信息，2010（2）．

[18] 宋洪芳，洪梅．我国稀土产业现状分析及预测（上）［J］．稀土信息，2010（2）．

[19] 国家发展改革委员会，建设部．建设项目经济评价方法与参数［M］.3 版．北京：中国计划出版社，2006.

[20] 赵祥龙. 酒店投资进入机遇期——2006 年中国酒店业投资特点及融资策略 [J]. 房地产世界，2006（2）：90~92.

[21] 文吉，汤静. 中国酒店业发展形态阶段及特点研究 [J]. 文史博览，2005（12）：64~68.

[22] 林壁属. 旅游饭店实务管理 [M]. 北京：清华大学出版社，2005：107~122.

[23] 陈雪琼. 中国高星级酒店投资前的市场分析 [D]. 泉州：华侨大学，2005.

[24] 邓新华. 饭店投资的可行性研究 [M]. 长沙：湖南师范大学出版社，2005.

冶金工业出版社部分图书推荐

书　　名	作　者		定价(元)
建筑工程经济与项目管理	李慧民	主编	28.00
施工企业会计（第2版）（国规教材）	朱宾梅	主编	46.00
初级会计学（本科教材）	西凤茹	编著	29.00
安全系统工程（本科教材）	谢振华	主编	26.00
安全评价（本科教材）	刘双跃	主编	36.00
管理学概论（本科教材）	杨红娟	主编	29.00
技术经济分析理论与方法	胡茂生	等编著	29.00
基础会计与实务（高职高专规划教材）	刘淑芬	主编	30.00
基础会计项目实训（高职高专规划教材）	刘淑芬	等编	20.00
财政与金融（高职高专规划教材）	李　鹰	主编	32.00
现代企业管理（高职高专规划教材）	李　鹰	主编	28.00
电子商务基础（高职高专规划教材）	李　哲	主编	25.00
国际金融（高职高专规划教材）	张新亚	主编	39.00
国际贸易单证实务（高职高专规划教材）	蔡飞鹤	主编	32.00
矿业经济学	李详仪	编著	15.00
货币银行学	刘　颖	等编	24.00
产业循环经济	北京现代循环经济研究院	编著	69.00
投资项目可行性分析与项目管理	王维才	编著	29.00
企业投资项目可行性研究与核准申请	李开孟	编著	98.00
城市循环经济系统构建及评价方法	史宝娟	著	22.00
企业技术创新财务管理	田丽娜	著	20.00
煤业集团绿色供应链管理	杨玉中	等著	25.00